Systématique animale

Dans la collection Licence Master Doctorat

Biologie

CORNEC J.-P., *La cellule eucaryote*

CORNEC, J-P., *Immunité des métazoaires. Aspects cellulaires, moléculaires, génétiques et évolut*

COUÉE Y., FONTAINE-POITOU L., GUILLAUME V., *Biologie et physiologie cellulaires et moléculaires*

GAUTHIER CLERC M., THOMAS F., *Écologie de la santé et biodiversité*

POINSOT D., HERVÉ M., LE GARFF B., CELLIER M., *Diversité animale. Histoire, évolution et biolog des Métazoaires*

ERIC GARNIER, MARIE-LAURE NAVAS, *Diversité fonctionnelle des plantes*

GUÉGAN J.-F., Choisy M., *Introduction à l'épidémiologie intégrative des maladies infectieuse parasitaires*

MAZLIAK P., *Le déterminisme de la floraison : contrôles génétiques et épigénétiques*

TANZARELLA S., *Perception et communication chez les animaux*

THOMAS F., GUÉGAN J.-F., RENAUD F., *Écologie et évolution des systèmes parasités*

Chez le même éditeur

FORÊT R., *Dictionnaire des sciences de la vie*

MIQUEL *P.-A, Biologie du XXIe siècle : évolution des concepts fondateurs*

RAVEN P.H., JOHNSON G.B., LOSOS J.B., MASON K.A., SINGER S.R., *Biologie*. 4e éd.

RAVEN P.H., EVERT R.F., EICHHORN S.E., *Biologie végétale*. 3e éd.

SINGH CUNDY A., SHIN G., Découvrir la biologie. 2e éd.

THOMAS F., LEFEVRE T., RAYMOND M., *Biologie évolutive*. 2e éd.

ZIMMER, *C., Introduction à l'évolution*

Dans la collection Memento Sciences

AYMERIC J.-L., Lefranc G., *Immunologie humaine*

GALAS S., DESCAMPS S., MARTINEZ A.-M., *Le cycle cellulaire*

GAUDRIAULT S., VINCENT R., *Génomique*

NGUYÊN V., FERRY N., *La reproduction des Vertébrés*

VINCENT R., *Génétique moléculaire*

Maxime Hervé

Systématique animale

D'Aristote aux phylogénies moléculaires : histoire, concepts et méthodes de la classification

biologie

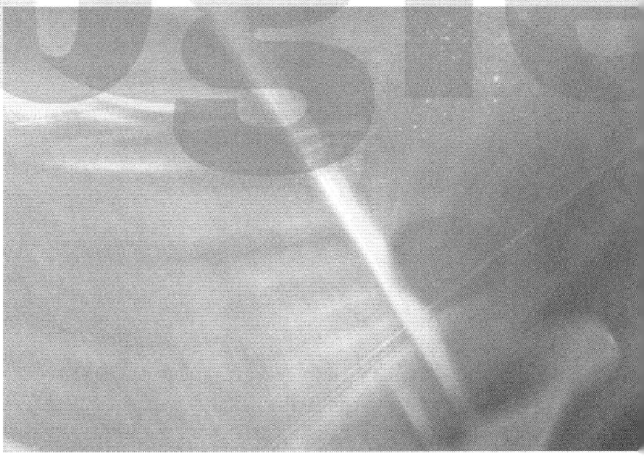

deboeck
SUPÉRIEUR

Pour toute information sur notre fonds et les nouveautés dans votre domaine de spécialisation, consultez notre site web : **www.deboecksuperieur.com**

Rue du BOSQUET, 7, 1348 Louvain-la-Neuve

Dépôt légal :
Bibliothèque nationale, Paris : mai 2020
Bibliothèque royale de Belgique, Bruxelles : 2020/13647/015 ISBN 978-2-8073-2995-9

Sommaire

Remerciements

Je remercie chaleureusement les collègues qui ont accepté de faire une relecture critique de cet ouvrage, dans la présente version ou dans une version précédente du texte : Hervé Le Guyader, Guillaume Lecointre, Maryvonne Charrier, Denis Poinsot et Anne Marie Cortesero. Mes remerciements tout aussi chaleureux vont aux étudiant(e)s qui ont également joué le jeu de la relecture : Margault Salé, Aurélie Cutayar et Arthur Matte. À tous, sachez que vous avez réellement apporté quelque chose à ce livre. Un clin d'œil tout particulier à Maryvonne Charrier, qui a achevé de me convaincre d'écrire cet ouvrage, à Margault Salé, que tous ceux qui trouveront le lexique utile pourront remercier de m'en avoir suggéré l'idée, ainsi qu'à Bernard Le Garff pour sa traduction d'un très vieux et très long nom d'espèce en latin qui me serait resté incompréhensible sans lui. Enfin, j'exprime mes remerciements sincères à Fabrice Chrétien des éditions De Boeck Supérieur, pour sa confiance immédiate et son enthousiasme dans ce projet.

Introduction

La diversité du vivant étant absolument gigantesque, il est indispensable d'y mettre de l'ordre pour qu'un esprit humain puisse l'appréhender. C'est l'objectif premier de la science appelée *systématique*. Celle-ci tire son nom des *systèmes* qu'elle produit, le système étant le résultat ordonné d'un travail de systématique. Le mot 'systématique' est un synonyme de *classification*, qui désigne à la fois l'approche et le résultat. De nos jours et particulièrement en français, on le considère aussi souvent comme un synonyme de *taxinomie* (à d'autres époques, dans d'autres pays ou même selon les auteurs, 'systématique' et 'taxinomie' ont des significations différentes, sans toutefois qu'un consensus ait jamais été établi sur leurs définitions respectives).

ENCADRÉ 1 | Taxinomie ou taxonomie ?

Dans les autres langues que le français, le seul mot réellement utilisé est l'équivalent de 'taxonomie' (*taxonomy* en anglais, *Taxonomie* en allemand, *taxonomía* en espagnol, etc.). En français cependant, on trouve à la fois 'taxinomie' et 'taxonomie'. On entend souvent que seul 'taxinomie' est correct, car 'taxonomie' serait un anglicisme à oublier. L'histoire est en fait plus complexe.

Sans aucun doute possible, le mot d'origine est 'taxonomie' et il a été créé… en français. On le doit au Genevois Augustin Pyrame de Candolle, alors professeur de botanique à la faculté de médecine de Montpellier, qui l'a forgé en 1813 dans *Théorie élémentaire de la botanique* et qui lui a donné le sens de « théorie des classifications ». Mais le terme ne s'impose pas complètement car dans les décennies qui suivent, les linguistes font remarquer qu'il est construit sur une erreur étymologique, sur laquelle les spécialistes s'accordent aujourd'hui. La forme correcte est en fait… 'taxinomie'. Cela devrait régler le problème, or entre-temps les autres langues ont adopté la graphie 'taxonomie' ! En anglais par exemple, *taxonomy* est défini en 1828, explicitement à partir du terme français. La correction linguistique n'a jamais eu lieu dans les autres langues, et l'usage prédominant de l'anglais en sciences modernes a assis l'utilisation de *taxonomy* (donc de 'taxonomie'). En résumé, il est vrai que seul 'taxinomie' devrait être employé, mais pas pour des raisons de sauvegarde de la langue française face à son anglicisation. Il est cependant peu probable que ce débat sémantique qui ne s'est pas vraiment étendu au-delà des frontières de la francophonie finisse par s'imposer dans le monde anglo-saxon.

On notera qu'on ne peut absolument pas justifier 'taxonomie' par le mot 'taxon'. En effet, ce dernier a été défini par l'allemand Adolf Meyer-Abich en 1926 (en zoologie) et par le néerlandais Herman Johannes Lam en 1948 (en botanique), dans les deux cas à partir d'un dérivé de 'taxonomie' (l'allemand *Taxonomie* et l'anglais *taxonomy*) !

Toute approche systématique est basée sur des critères. Ces critères, ce sont des *caractères* observés chez les organismes qu'on souhaite classer. Un caractère est simplement une caractéristique observable sur un organisme. Il peut être morphologique, anatomique, embryologique, moléculaire (séquence de nucléotides dans un ADN ou un ARN, séquence d'acides aminés dans une protéine), comportemental, géographique, écologique, etc. Une fois les caractères observés, on aboutit à une classification en utilisant une *méthode*. En systématique moderne, cette classification prend la forme d'un arbre appelé *dendrogramme* ('dendrogramme' voulant littéralement dire 'dessin représentant un arbre').

Il n'est pas toujours facile de faire comprendre que la systématique n'est pas une science morte. Imaginons qu'on ait un ensemble d'espèces à classer. Une fois la classification établie, que peut-il bien rester à faire ? À la limite, mettre à leur juste place des espèces nouvellement découvertes. Mais quoi d'autre ? On pourrait se dire qu'il suffit d'apprendre par cœur le résultat de notre classification (le système que nous avons produit), et le tour est joué. Comme ce serait simple... Mais, disons-le tout de suite : ça n'est pas, du tout, aussi simple. En effet, comme nous le verrons, la systématique est une science très vivante. Il est même parfois difficile de s'y retrouver, y compris pour celles et ceux qui enseignent la classification.

Les difficultés que pose la systématique tirent leur origine des deux étapes que ce travail requiert. On peut résumer ces deux étapes en deux questions : quels caractères prendre en compte, et quelle méthode utiliser pour construire la classification ? À ces deux questions s'en ajoute une autre, parfois déconcertante à première vue, mais tout aussi fondamentale : quel est l'objectif d'une classification ? Ces trois questions font l'objet d'intenses débats depuis plusieurs siècles.

Parce qu'elle est très dynamique et qu'elle fait appel à des concepts complexes et chargés d'histoire, la systématique pose des problèmes à la fois pour son enseignement et sa compréhension. Concrètement, ces problèmes se matérialisent aujourd'hui sous deux formes : des arbres contradictoires d'une source à l'autre, et des discours évolutifs de nature différente. La contradiction s'observe entre manuels, entre manuels et articles de recherche, entre articles de recherche, entre enseignants et manuels, entre enseignants et articles de recherche, et entre les enseignants eux-mêmes !

L'objet du présent ouvrage est de lever les difficultés autour des concepts et méthodes de la systématique, en particulier de la systématique animale. Il doit permettre de comprendre pourquoi la systématique de 2020 n'est pas celle de l'an 2000, qui n'était pas celle des années 1980, qui n'était pas celle de la première moitié du XXe siècle et ainsi de suite. C'est important car nous sommes actuellement en pleine révolution conceptuelle. Or, les sources de référence pour l'enseignement de la systématique animale datent de quelques années à quelques décennies. Des époques proches dans le temps mais lointaines sur le plan conceptuel. Il est essentiel de savoir tirer le meilleur de ces sources tout en ayant du recul sur les idées qu'elles véhiculent, et ainsi avoir une vraie vision moderne de la systématique. Nous suivrons pour cela une approche historique, pour comprendre étape par étape comment les connaissances, les concepts et les méthodes se sont construits et ont évolué. Les personnages les plus influents de cette histoire sont représentés figure 1, dans une frise synthétique.

Une précision s'impose sur la manière dont les groupes animaux ont été orthographiés dans tout cet ouvrage. Quand il s'agit de désigner explicitement des groupes de la systématique actuelle, ceux-ci sont toujours des clades et leur nom prend par convention une majuscule (exemple : les Diapsides). Quand, dans le cadre de la systématique actuelle, il est question d'un groupe traditionnel qui s'est avéré être paraphylétique ou polyphylétique, donc rejeté aujourd'hui, le nom de ce groupe est orthographié avec une minuscule et placé entre guillemets (exemple : les « reptiles »). La même manière de procéder est utilisée lorsque nous indiquons, pour la première fois, comment un auteur particulier nommait un groupe (exemple : Linné nomma ce groupe les « vers »). Lorsque le contexte n'est pas celui de la systématique actuelle et plus généralement pas celui de la cladistique (époques antérieures à l'invention de la cladistique, systématique évolutionniste), et qu'un nom de groupe a déjà été mentionné, celui-ci est orthographié avec une minuscule et sans guillemets (exemple : les invertébrés). Par ailleurs, les guillemets sont également utilisés pour différencier les citations (guillemets doubles) des expressions et traductions (guillemets simples).

Tous les termes importants, ainsi que les notions, méthodes et écoles de pensées principales, sont définis dans un lexique en fin d'ouvrage.

FIGURE 1 Les grands acteurs de l'histoire de la systématique (en particulier animale) et quelques points de repère temporels pour les écoles et méthodes modernes.

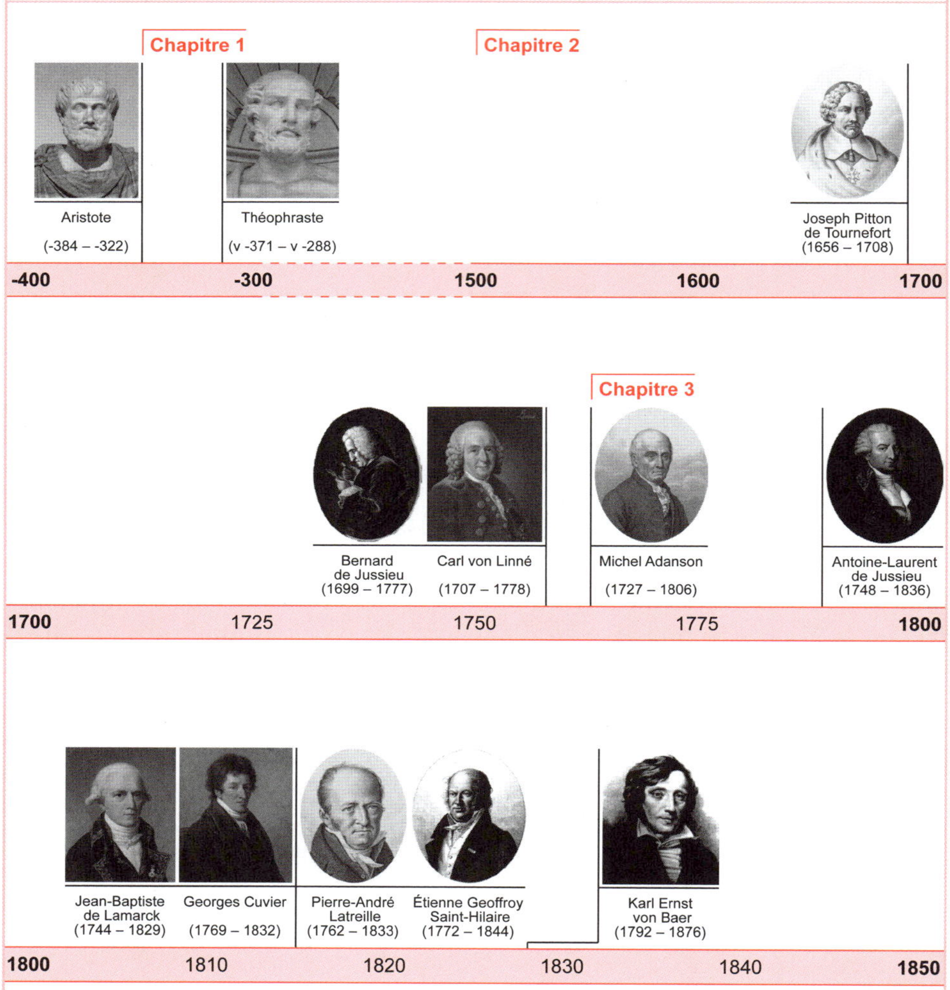

Théophraste : photo tato grasso CC BY-SA 2.5.

FIGURE 1 | (Suite)

Edwards : photo The Royal Society CC BY-SA 3.0.

Chapitre 1

La naissance de la systématique

1. Le berceau : la Grèce antique

Les premiers travaux de classification ont été réalisés, comme souvent en sciences, dès l'Antiquité. On considère ainsi que l'histoire naturelle est née en Grèce au IVe siècle avant notre ère, sous l'influence conjointe d'Aristote et de son élève Théophraste. Ce sont eux qui ont introduit la distinction entre le règne végétal, fait d'organismes vivants immobiles, et le règne animal, fait d'organismes mobiles, 'animés'. Avec quelques années de décalage, chacun s'est spécialisé dans l'un de ces deux règnes : Aristote est ainsi considéré comme le père de la zoologie et Théophraste celui de la botanique. Ils ont décrit environ 500 espèces chacun, à partir de leurs propres observations et d'observations qu'ils ont compilées.

Dans *Histoire des plantes* (vers −314), Théophraste a classé les plantes selon leur taille (arbres, arbrisseaux, sous-arbrisseaux et herbacées), leur durée de vie, leur intérêt alimentaire et leurs propriétés médicinales. Il sera suivi par le Romain Dioscoride, qui, dans *De materia medica* (Ier siècle), classa plusieurs centaines d'espèces végétales – et certains animaux – selon leurs propriétés médicinales. Théophraste, et surtout Dioscoride, seront les références inconditionnelles de la botanique jusqu'à la fin du Moyen Âge.

Quant à Aristote, il fait véritablement œuvre d'histoire naturelle dans ses trois ouvrages sur les animaux : *Histoire des animaux*, les *Parties des animaux* et la *Génération des animaux* (écrits dans cet ordre au IVe siècle avant notre ère). Aristote y détaille de nombreuses observations qu'on qualifierait aujourd'hui de morphologiques, anatomiques, physiologiques, embryologiques, comportementales et écologiques. C'est véritablement un pionnier de ces différentes disciplines biologiques, qui pour la plupart se constitueront en tant que telles plus de deux millénaires plus tard. Du point de vue de la systématique, la classification des animaux n'est pas en elle-même le centre d'intérêt d'Aristote. Son objectif est avant tout de décrire ces animaux sous tous leurs aspects et d'en comprendre leur fonctionnement, afin de révéler l'harmonie du monde et le dessein qui sous-tend chacune de ses productions. La classification n'est ici qu'un moyen de se simplifier la tâche. En effet, «Il est [...] assez peu raisonnable et bien long de traiter séparément ce qui concerne chaque espèce d'animaux. Peut-être, la méthode la meilleure c'est de traiter les propriétés communes de chaque genre [...].» (*Parties des animaux*; le terme 'genre' n'a pas du tout la même signification ici qu'aujourd'hui).

Les critères qu'utilise Aristote pour classer les animaux sont avant tout morphologiques et anatomiques. Sa méthode est détaillée dans *Partie des animaux*: après avoir longuement critiqué l'approche descendante par division (encadré 2), il explique qu'il faut «réunir les êtres qui ont une seule et unique nature commune». C'est-à-dire, en langage moderne, réunir ceux qui partagent le plus de caractères communs, ou dit autrement ceux qui sont construits de la même manière (les différences entre les animaux 'construits de la même manière' n'étant que de l'ordre des proportions relatives des différents organes). Il s'agit donc d'une démarche ascendante par agglomération, résolument moderne comme nous le verrons plus tard (cf. **Chapitre 2, section 2**).

ENCADRÉ 2 | Démarche ascendante *vs.* démarche descendante

Il existe deux manières de construire une classification, que ce soit d'organismes vivants ou de tout autre ensemble d'objets (matériels ou non).

La première est la démarche *ascendante* par agglomération, dans laquelle on part des objets individuels et on rassemble ceux qui se 'ressemblent' le plus. On peut recommencer le processus à partir des groupes formés à l'étape précédente, conduisant à des groupes de groupes. Et ainsi de suite, jusqu'à éventuellement arriver à un unique groupe qui contient tous les objets. On a ainsi obtenu une organisation hiérarchique en groupes emboîtés, qu'on peut représenter par un dendrogramme.

La seconde possibilité est la démarche *descendante* par division, qui suit le cheminement inverse: on part du groupe contenant tous les objets, qu'on divise une première fois (habituellement en deux sous-ensembles, mais rien n'oblige à ne faire que des divisions dichotomiques). Chacun de ces sous-groupes est ensuite divisé en deux (ou plus), et ainsi de suite jusqu'à aboutir à autant de groupes qu'il y a d'objets individuels. Là encore, on a obtenu une organisation hiérarchique en groupes emboîtés, qu'on peut représenter par un dendrogramme.

Ce qui peut être difficile à concevoir, c'est que les deux démarches ne mènent pas nécessairement au même résultat. En fait, elles ne poursuivent pas le même objectif. En termes modernes, la démarche ascendante est la seule à conduire à de véritables classifications, quand la démarche descendante suit une logique de *clé de détermination*. Nous reviendrons sur cette distinction fondamentale plus tard (cf. **Chapitre 2, section 2**).

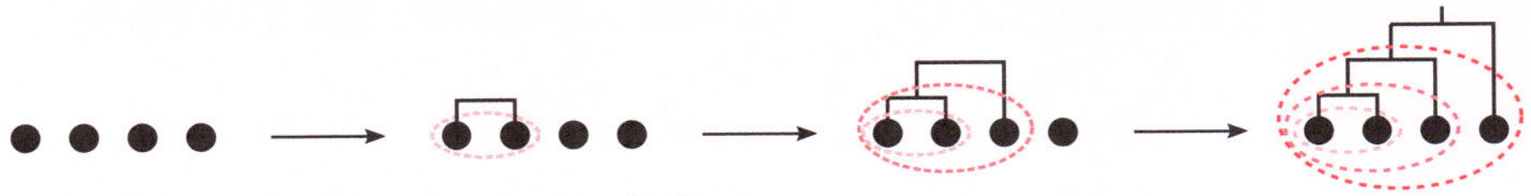

Démarche ascendante par agglomération

Démarche descendante par division

Enfin, il faut bien distinguer la démarche (méthode) des critères (caractères) utilisés pour conduire cette démarche. Utiliser une approche ascendante ne dit rien sur les critères retenus pour regrouper les espèces, tout comme utiliser une démarche descendante ne dit rien sur les critères retenus à chaque division. Il y a ainsi deux niveaux d'accords ou de désaccords entre auteurs : sur la méthode et sur les caractères.

C'est dans *Histoire des animaux* qu'Aristote expose sa classification. Il sépare ainsi les animaux en 10 groupes (figure 2) : les « quadrupèdes vivipares », les « quadrupèdes ovipares », les « oiseaux », les « poissons », les « cétacés », les « mollusques », les « malacostracés » (littéralement 'animaux à coquille molle'), les « testacés » (littéralement 'animaux à coquille dure'), les « entomes » et les « zoophytes ». Deux points montrent qu'Aristote n'est pas intéressé par la classification en tant que telle : certains groupes portent clairement un nom (les oiseaux, les poissons, les cétacés, les mollusques, etc.) quand d'autres n'en ont pas (les quadrupèdes vivipares et les quadrupèdes ovipares), et un certain nombre d'espèces n'appartiennent à aucun des groupes précités (par exemple « le serpent et le crocodile »)[1].

L'œuvre zoologique d'Aristote sera reprise par le Romain Pline l'Ancien dans son *Histoire naturelle* (fin du Ier siècle), qui va bien au-delà des animaux puisqu'elle avait pour ambition d'embrasser toutes les connaissances utiles à un Romain cultivé de l'époque (quatre des 37 livres de l'*Histoire naturelle* sont consacrés à la description d'animaux). À la différence d'Aristote, Pline est un compilateur et non un observateur, et il mêle sans distinction les descriptions d'animaux réels et fantastiques. Aristote, et surtout Pline, seront les références absolues de la zoologie jusqu'au XVIIIe siècle.

1 C'est le caractère parfois assez vague, voire contradictoire, des écrits d'Aristote qui rend difficile la définition et la dénomination précise de tous les groupes qu'il forme. D'où des différences entre auteurs, qui ne peuvent qu'interpréter l'œuvre d'Aristote et non pas la retranscrire fidèlement.

2. Des concepts qui traverseront les siècles

C'est sur le plan conceptuel qu'Aristote marquera le plus fortement la postérité. Son influence sera si forte qu'elle perdurera jusque dans la seconde moitié du XXe siècle, même si les scientifiques ne se réclament plus de sa philosophie depuis bien longtemps.

L'idée phare d'Aristote, qu'il expose dans *Histoire des animaux*, est que les groupes d'animaux sont *ordonnées de façon linéaire dans une série continue*, qui au-delà des animaux comprend aussi les plantes et la matière inanimée (figure 2). Ce qu'il faut comprendre de très important dans cette vision du monde, c'est que les différents membres de cette série *ne se valent pas*. Ceux qui sont au-dessus sont supérieurs aux autres, dans le sens qu'ils 'valent mieux'. À la base de la série on trouve ainsi la matière inanimée, au-dessus, les plantes (elles-mêmes divisées en 'plantes inférieures' et 'plantes supérieures') et encore au-dessus, les animaux. Selon les principes de la pensée physiologique d'Aristote, les animaux pourvus de sang (un liquide chaud et humide, reconnaissable car il est rouge) – ceux que bien plus tard Lamarck appellera « vertébrés » – sont supérieurs à ceux dépourvus de sang – que Lamarck nommera « invertébrés ». Au sein de ces deux ensembles, les groupes d'animaux sont ordonnés selon leur degré de « perfection », qui est lié à la fois à la complexité morpho-anatomique et aux « pouvoirs de l'âme ». Tout en haut de la série se trouve l'Homme, la seule espèce à posséder la faculté de raison.

FIGURE 2 | Hiérarchie du monde selon Aristote (IVe siècle avant notre ère).

		Classification d'Aristote (-343)	Équivalents actuels
Animaux	Animaux pourvus de sang	Homme	
		Quadrupèdes vivipares	Mammifères hors Cétacés
		Cétacés	Cétacés
		Oiseaux	Oiseaux
		Quadrupèdes ovipares	Lissamphibiens, « reptiles »
		Poissons	Chondrichthyens, Actinoptérygiens
	Animaux dépourvus de sang	Mollusques	Mollusques Céphalopodes
		Malacostracés	« crustacés » Malacostracés
		Entomes	Insectes, Arachnides, Myriapodes, Annélides
		Testacés	Mollusques Gastéropodes et Bivalves, Échinodermes
		Zoophytes	Spongiaires, Cnidaires
		Plantes supérieures	
		Plantes inférieures	
		Matière inanimée	

Cette vision *hiérarchique* du monde, non dans le sens d'une hiérarchie de groupes emboîtés mais dans celui d'une supériorité de certaines espèces sur d'autres, sera reprise au Moyen Âge sous le nom de *scala naturae* ('échelle de la nature'), dans laquelle l'Église ajoutera les anges au-dessus de l'Homme et Dieu au-dessus des anges. Au XVIIIe siècle, débarrassée de sa partie immatérielle, elle sera formulée précisément par le philosophe allemand Gottfried Wilhelm Leibniz et représentée par le naturaliste genevois Charles Bonnet (figure 3). Elle est alors nommée 'échelle des êtres' (ou 'chaîne des êtres', *great chain of being* en anglais).

FIGURE 3 Échelle des êtres dans sa version la plus célèbre, proposée par Charles Bonnet (*Traité d'insectologie*, 1745).

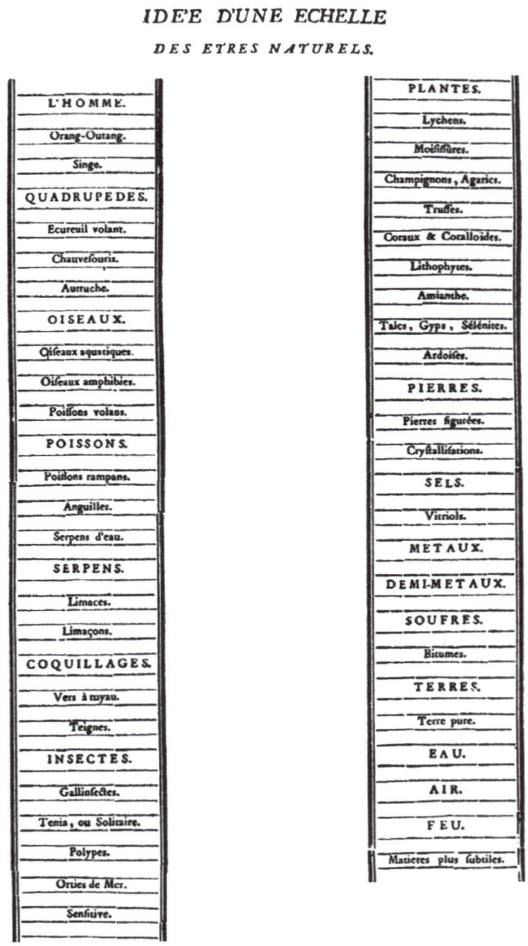

L'autre facette majeure de la vision d'Aristote, qui n'a toutefois pas eu autant d'importance que la première, est le caractère continu de sa série. Même si Aristote a lui-même défini des groupes d'organismes, il ne considère pas que ce sont des ensembles bien séparés. Les frontières sont floues, et l'on passe presque imperceptiblement de l'un à l'autre. Autrement dit, il n'y a que très peu de différences entre l'espèce la plus perfectionnée d'un groupe et l'espèce la moins perfectionnée du groupe immédiatement supérieur dans la série. Les transitions sont douces, et non abruptes. Les zoophytes (littéralement 'animaux-plantes') sont l'incarnation-même de ce concept de continuité : ils sont la transition entre le règne végétal et le règne animal. Par exemple, « l'éponge [...] ressemble complètement aux plantes » (*Histoire des animaux*). Dans ce contexte, chaque espèce nouvellement découverte est vue comme un nouveau maillon de la chaîne, un intermédiaire entre deux espèces déjà connues.

On notera que cette vision linéaire et continue du monde animal n'implique rien en elle-même du point de vue de l'évolution. Dans la pensée d'Aristote, ce n'est pas parce que toutes les espèces sont reliées de proche en proche dans une grande série qu'il peut y avoir passage de l'une à l'autre. En l'occurrence, pour lui, il n'y a aucun passage de l'une à l'autre, donc pas d'évolution. Nous verrons qu'à d'autres époques, on peut adopter la même vision linéaire et en faire une interprétation diamétralement opposée.

Chapitre 2

Le rêve d'une classification naturelle

1. La multiplication des systèmes

Au Moyen Âge (fin v^e^ – fin xve siècles), l'histoire naturelle est délaissée au profit du seul commentaire des textes des auteurs antiques (Aristote, Pline, Théophraste et Dioscoride). Cela change avec le début de la Renaissance (xvie – xviie siècles), sous l'effet d'une double influence : d'une part le retour à l'observation directe et à l'expérimentation, dans la lignée des démarches d'Aristote et de Théophraste ; d'autre part la découverte d'une diversité du vivant insoupçonnée et inconnue, grâce aux expéditions autour du Monde – dont le but était avant tout commercial et militaire avant que l'étude de la diversité ne devienne une préoccupation importante vers la fin du xviie siècle – et à l'invention de la microscopie[1]. C'est l'époque de la fondation des premiers 'cabinets d'art et de merveilles' ou 'cabinets de curiosités', et des premiers jardins botaniques dont le 'Jardin royal des herbes médicinales' créé en 1626 à Paris (l'ancêtre du Jardin des Plantes, et par ce fait du Muséum National d'Histoire Naturelle).

Le regain d'intérêt étant avant tout dirigé vers les plantes, il nous faut faire un détour par la botanique pour comprendre les bouleversements futurs que connaîtra la systématique animale. Jusqu'à la fin du xviie siècle, la classification n'est pas le centre d'attention des botanistes, qui sont avant tout intéressés par les propriétés des plantes. La classification n'est alors qu'une manière d'organiser les espèces dans les livres. Si certains auteurs se basent sur la similitude morphologique globale pour ordonner leur liste d'espèces, comme l'éminent

[1] Le regain d'intérêt pour l'observation et la description des plantes se produisit plus tôt que pour les animaux, et démarra en fait dès la fin du Moyen Âge.

botaniste suisse Caspar Bauhin, d'autres organisent leurs ouvrages en fonction des propriétés médicinales, du goût ou du simple ordre alphabétique, quand ce n'est pas de manière plus exotique comme selon la ressemblance avec les organes humains ou les astres! Dans quasiment tous les cas, il faut comprendre que l'objectif des auteurs est de permettre l'*identification* des différentes espèces de plantes. Peu importe donc la manière dont on s'y prend, puisque la seule chose qui compte c'est de pouvoir procéder à une détermination correcte. En cela, une clé de détermination diffère fondamentalement de ce qu'est aujourd'hui une classification (cf. **section 2**).

Seulement, à mesure que la description de nouvelles espèces végétales progresse – et elle progresse très vite[2] –, il devient nécessaire de développer de nouvelles manières d'identifier les plantes, applicables à plus grande échelle. C'est ainsi qu'à la fin de la Renaissance et pendant tout le XVIIIe siècle vont se multiplier les systèmes. Quasiment tous ont pour méthode la démarche descendante par division[3] et n'utilisent que des critères morpho-anatomiques, dans la continuité de ce que l'Italien André Césalpin avait introduit dès 1583 dans son *De plantis*. Tous également n'utilisent qu'une ou quelques parties de la plante. Par contre, les critères sur lesquels se fait l'identification varient d'un auteur à l'autre. Chacun y va de ses caractères qu'il juge les plus importants pour la vie d'une plante : allure générale, feuilles, fleurs, fruits, graines, racines, etc. On comprend aisément l'explosion du nombre de systèmes différents qui s'en est suivie.

2. Les groupes naturels : clés de détermination *vs.* classification

La multiplicité des systèmes qui ont été proposés au cours de la Renaissance a fini par montrer qu'au-delà de leurs différences – bien compréhensibles puisque les caractères utilisés n'étaient pas les mêmes – certains groupes de plantes étaient très régulièrement retrouvés. Ce n'est pas vraiment un hasard, car les botanistes avaient déjà l'intuition que certaines plantes formaient des ensembles homogènes. Candolle les décrira plus tard comme des « groupes bien prononcés par l'ensemble

[2] Si Bauhin décrit 6 000 espèces dans son *Pinax theatri botanici* en 1623, John Ray – naturaliste le plus célèbre d'Angleterre au XVIIe siècle – en est à plus de 18 600 dans son *Historia plantarum* (trois volumes entre 1686 et 1704, de 8 kg chacun !).

[3] Cette démarche est alors qualifiée d'aristotélicienne, car une mauvaise appréciation des textes d'Aristote, ajoutée à la confusion que ce dernier a lui-même entretenue, a conduit les auteurs de l'époque à considérer qu'Aristote avait organisé les animaux par une démarche descendante par division. Comme nous l'avons vu (cf. **Chapitre 1, section 1**), il n'en est rien.

de leur structure, et dont les individus ont ensemble un certain air de famille» (*Théorie élémentaire de la botanique*, 1813). Plus ou moins consciemment, les botanistes construisaient leurs classifications (en fait, leurs clés de détermination) pour retrouver ces groupes. Il en va ainsi des crucifères (actuelles Brassicacées – choux, colza, radis, etc.), des ombellifères (actuelles Apiacées – carottes, céleri, persil, etc.) ou des graminées (actuelles Poacées – blé, maïs, riz, etc.), qui étaient reconnues dès le XVIe siècle.

À la fin du XVIIe siècle, le besoin émergea d'établir une démarche claire permettant d'identifier ces groupes homogènes, qu'on appelait désormais 'groupes naturels' car *réellement* présents dans la nature, et pas seulement dans l'esprit des botanistes. Autrement dit une démarche permettant d'établir *le* 'système naturel', celui qui révèle l'ordre naturel des choses indépendamment de l'observateur. On oppose ce système naturel à tous *les* 'systèmes artificiels', inaptes à mettre en évidence cet ordre. À l'époque l'ordre de la nature est unanimement attribué à Dieu, dont on estime qu'il 'l'a voulu ainsi lorsqu'il a créé toutes les espèces'.

Plus de 300 ans plus tard, on sait maintenant que la démarche descendante par division, si utile pour construire une clé de détermination, n'est pas adaptée pour construire la classification naturelle. En effet, la démarche descendante s'attache avant tout à trouver des *différences* entre plantes, permettant de diviser un ensemble en plusieurs sous-ensembles. Or les groupes naturels sont définis par la *ressemblance* entre leurs membres. Identifier ces groupes passe donc nécessairement par le rapprochement des espèces qui se ressemblent, ce qui est le fondement de la démarche ascendante par agglomération. On touche ici aux deux différences fondamentales entre une clé de détermination et une véritable classification: *une clé de détermination suit une démarche descendante par division et peut être construite selon n'importe quels critères, du moment qu'elle permet une identification correcte* (à partir des mêmes espèces on peut donc construire de nombreuses clés tout aussi valides les unes que les autres); *une classification suit une démarche ascendante par agglomération et il n'en existe qu'une seule véritable* (puisqu'il n'existe qu'un seul 'ordre' dans la nature, cf. **Chapitre 4, section 1**)[4].

Cette réflexion théorique n'en est qu'à ses premiers balbutiements à la fin de la Renaissance. En la matière, le Français Joseph Pitton de Tournefort est un pionnier. Tournefort est titulaire de la chaire de botanique au Jardin royal des plantes médicinales – le nom du jardin parisien a légèrement changé depuis sa fondation – quand il publie son œuvre majeure, *Éléments de botanique* (1694, qu'il traduira lui-même en latin en 1700 sous le titre *Institutiones rei herbariae*). Il y classe

[4] On peut ajouter que dans une clé de détermination, une même espèce peut apparaître plusieurs fois, si elle présente des formes différentes (larve/adulte en cas de métamorphose, mâle/femelle en cas de dimorphisme sexuel, etc.) ou si plusieurs manières sont possibles d'identifier la même forme. C'est impossible dans une classification, où une espèce donnée ne peut apparaître qu'une seule fois.

7 000 espèces, organisées en 698 « genres » eux-mêmes organisés en 22 « classes ». Ce n'est pas cette structure hiérarchique espèces < genres < classes qui est originale, on la trouvait déjà chez Césalpin par exemple[5]. Ce qui influencera durablement la botanique, c'est la profonde réflexion de Tournefort sur ce qu'est une classification, les objectifs qu'elle doit remplir et la méthode par laquelle elle doit être construite. En l'occurrence, l'objectif de Tournefort est double : refléter l'ordre naturel et permettre la reconnaissance facile des plantes, c'est-à-dire en termes modernes être à la fois une classification et une clé de détermination. L'ambivalence n'apparaissait pas à l'époque, mais elle est claire aujourd'hui[6].

Tournefort commence par définir clairement ce qu'est un « genre »[7], une catégorie dont on s'accorde à dire qu'elle est naturelle : c'est un ensemble de plantes « qui se ressemblent » plus entre elles qu'elles ne ressemblent à n'importe quelle autre, cette ressemblance étant basée sur « la structure de quelques-unes de leurs parties ». Les espèces d'un même genre partagent « un caractère commun qui les distingue essentiellement de toutes les autres plantes ». C'est donc par une démarche ascendante que sont formés les genres. Tournefort base celle-ci sur les caractères de la fleur et du fruit, d'après des conceptions théoriques. Il procède ensuite de deux manières : (i) il forme les classes par une démarche ascendante à partir des genres – cette démarche devant reposer sur les mêmes caractères que pour les genres (en pratique essentiellement la fleur), et (ii) il identifie les espèces par une démarche descendante au sein de chaque genre. Il en va ainsi de la partie 'naturelle' de son système. Enfin, Tournefort surimpose à l'ensemble une démarche descendante typique de clé de détermination afin d'identifier rapidement les classes, qui repose surtout sur la fleur – mais on retrouve la distinction basale entre « herbes » et « arbres », jamais abandonnée depuis Théophraste ! Ceci constitue la partie 'artificielle' de son système.

Au-delà de la construction du système lui-même, Tournefort argumente sur la nécessité de changer les pratiques pour nommer les plantes. En effet, aucune

---

5 Lamarck attribue la paternité de cette organisation espèces < genres < classes à Conrad Gesner, naturaliste suisse du XVIe siècle. Gesner n'était pas observateur mais encyclopédiste, dans la pure tradition de Pline l'Ancien. Il s'intéressait à la fois aux plantes et aux animaux, mais son œuvre est surtout zoologique.

6 C'est cette ambivalence qui rend toujours difficile de nos jours la distinction entre classification et clé de détermination. En effet, si la systématique ne cherche désormais qu'à créer des classifications, on surimpose naturellement des critères d'identification sur ces classifications afin par exemple de reconnaître simplement les membres de tel ou tel groupe. Ce faisant on peut créer la confusion en donnant l'impression au lecteur qu'une classification est aussi une clé de détermination, et vice-versa. Fondamentalement, ce n'est pourtant pas le cas. D'ailleurs, rien n'assure qu'à chaque bifurcation d'une classification on puisse donner un critère observable d'identification. Ce n'est parfois pas possible, ce qui n'est en rien un problème. Cela ne peut pas se produire avec une clé de détermination, qui par principe repose entièrement sur des critères d'identification.

7 Avant Tournefort, les termes 'genre', 'classe' et même 'espèce' n'avaient pas de définition stricte et étaient employés de manière très variable, y compris par un même auteur.

pratique standardisée n'existe à l'époque. La manière de s'y prendre, et même la langue dans laquelle les espèces sont nommées, varient d'un auteur à l'autre. Une façon fréquente de procéder est ainsi que le nom d'une espèce donne tout ou partie des caractères qui permettent son identification. Un exemple assez extrême : *Onobrychis major annua filiculis articulatis, asperis, clypeatis, undulatim, id est antrorsum & retrorsum junctis, flore purpuro-rubente* ('Grand sainfoin annuel à aspect de fougère articulée, à fleur rouge-pourpre hérissée, en écussons, de manière ondulée, c'est-à-dire attachés vers l'avant & vers l'arrière') ! Tournefort presse pour une réforme : « Les noms des plantes doivent être les plus courts et les plus clairs qu'il se peut ; mais ils doivent renfermer dans leur brièveté ce qu'il y a de plus singulier, et de plus sensible dans chaque espèce. » Autrement dit : les noms d'espèces doivent être courts et mettre en avant la particularité qui permet l'identification de l'espèce en question.

3. Linné, temps zéro de la systématique moderne

La réflexion lancée par Tournefort prit corps au XVIIIe siècle, le siècle des Lumières. Un des plus grands continuateurs de Tournefort est le Suédois Carl von Linné, l'un des deux plus éminents naturalistes de ce siècle, dont l'influence fut si forte qu'elle perdure encore aujourd'hui. Bien que botaniste de formation, Linné avait pour objectif de classer toutes les espèces connues de plantes et d'animaux. Et même celles qui n'étaient pas encore connues, puisqu'il envoya plusieurs de ses élèves (ses « apôtres » comme il les appelait) de par le monde afin d'inventorier toutes les plantes possibles – certains le paieront de leur vie. Son ambition est résumée dans sa célèbre phrase : « Dieu a créé, Linné a organisé. » Linné a réformé et standardisé la systématique, mis de l'ordre dans une jungle assez épaisse, en imposant, par leur efficacité et leur praticité, deux manières d'opérer.

Premièrement, il a développé la structure hiérarchique de Tournefort en ajoutant trois nouveaux *rangs taxinomiques* : le « règne » au-dessus de la classe, l'« ordre » entre le genre et la classe, et la « variété » (renommée 'sous-espèce' en zoologie) sous l'espèce. La systématique est donc désormais formalisée en cinq rangs : variété (= sous-espèce) < espèce < genre < ordre < classe < règne. Linné reconnaît toutefois qu'au-dessus du genre, qui est la catégorie naturelle par excellence, reconnue par intuition (l'« air de famille » de Candolle)[8], l'ordre et la classe

[8] Comme beaucoup d'autres, Linné n'assume pas complètement de reconnaître des groupes naturels par intuition et non grâce à une démarche réellement scientifique. Il admet qu'« Il est nécessaire de se référer secrètement, pour ainsi dire sous la table, à son expérience des plantes, si l'on veut éviter de former

sont plutôt artificiels et formés par convenance. Car l'objectif de Linné est uniquement de permettre l'identification d'une espèce, même si bien sûr il rêve d'une classification naturelle. La facilité d'emploi de son système pour déterminer les plantes le rendra extrêmement célèbre.

Deuxièmement, Linné est le véritable réformateur de la *nomenclature* (la manière de nommer les espèces). Il généralise un procédé dont l'invention est créditée à Bauhin : nommer chaque espèce par un binôme latin, composé d'un nom de genre unique (avec une majuscule) et d'un nom d'espèce unique (sans majuscule) : *Quercus robur* (le chêne pédonculé), *Felis silvestris* (le chat sauvage), *Homo sapiens* (l'Homme), etc. C'est la *nomenclature binomiale* (ou binominale ou binaire), qui aurait certainement plu à Tournefort. Linné la considère comme une manière de nommer qui est complémentaire de celles qui existent déjà, mais c'est celle qui s'est naturellement imposée par son universalité et sa simplicité d'emploi.

En matière de botanique, l'œuvre phare de Linné est son *Species plantarum* de 1753 dans lequel il classe les 8 000 plantes connues à l'époque. Il utilise pour cela ce qu'il appelle le « système sexuel », une démarche descendante par division basée essentiellement sur les caractères de la fleur, dont Linné reconnait qu'elle constitue un système artificiel. L'inspirateur de sa manière de procéder est le Français Sébastien Vaillant, élève de Tournefort dont on sent l'influence dans le choix des caractères. Le 'Code international de nomenclature pour les algues, les champignons et les plantes', instance internationale qui régit actuellement la nomenclature de ces organismes, considère le *Species plantarum* comme le point de départ de la nomenclature (seuls les noms publiés dans cet ouvrage, et ensuite, sont reconnus).

Pour la zoologie, l'ouvrage majeur de Linné est *Systema naturæ* (le 'système de la nature'), dans lequel il classe les trois règnes : minéral, végétal et animal[9]. De 12 pages pour la 1re édition en 1735, Linné passera à 3 000 pages en trois volumes pour la 13e et dernière édition (posthume) en 1770. La 10e édition de 1758 est le point de départ de la nomenclature zoologique pour le 'Code international de la nomenclature zoologique' – sauf pour les araignées où c'est l'*Aranei Svecici* (1757) du Suédois Carl Alexander Clerck qui fait foi et dans lequel la nomenclature binomiale est également utilisée. Dans la 10e édition du *Systema naturæ* de Linné, le règne animal est divisé en six classes (figure 4) :

des genres incorrects. » (*Philosophia botanica*, 1751). C'est qu'à cette époque, on sent parfaitement que des groupes naturels existent mais on n'a toujours pas de méthode claire pour les circonscrire objectivement. Linné fera d'ailleurs toujours passer la formation des genres naturels avant le respect de ses propres critères de détermination, au prix d'assez nombreuses incohérences apparentes.

[9] Jusqu'à la fin du XVIIIe siècle, bon nombre de naturalistes s'intéressaient à la fois aux plantes et aux animaux. Ce n'est qu'à partir du début du XIXe siècle que la somme des connaissances acquises a nécessairement poussé à la spécialisation, dans un seul de ces groupes d'organismes d'abord puis dans une ou quelques disciplines biologiques.

les « mammaux » (actuels Mammifères), les « oiseaux », les « amphibies » (actuels Lissamphibiens, « reptiles », Chondrichthyens et certains Actinoptérygiens), les « poissons » (l'essentiel des Actinoptérygiens actuels), les « insectes » (actuels Insectes, Myriapodes, Arachnides et une partie des « crustacés ») et les « vers » (actuels Annélides, Mollusques, Nématodes, Échinodermes, Cnidaires et l'autre partie des « crustacés »). On observe que ces classes sont moins précises, plus larges, que celles d'Aristote, ce qui montre le peu d'intérêt de Linné pour les rangs supérieurs au genre.

Au premier abord, les classes de Linné ne sont qu'un réarrangement des groupes d'Aristote (figure 4). L'influence du maître est flagrante. À y regarder de plus près, il y a cependant une rupture conceptuelle majeure. Comme chez Aristote, il y a chez Linné une série linéaire entre les trois règnes : les minéraux (« sans vie et sans sentiment ») sont inférieurs aux plantes (« vivantes mais sans sentiment ») qui sont elles-mêmes inférieures aux animaux (« vivants et faisant preuve de sentiment »). Il y a également, dans une certaine mesure, une série entre les classes : les animaux 'à sang chaud' sont supérieurs aux animaux 'à sang froid', eux-mêmes supérieurs aux animaux 'à humeur'. Cependant, les ordres ne sont pas reliés dans une série linéaire et continue, et encore moins les genres et les espèces. Linné, comme la plupart des systématiciens de son temps, refuse l'échelle des êtres comme principe ordonnant la nature. Nous avons vu qu'à la même époque, d'autres naturalistes comme Bonnet l'acceptent totalement (cf. **Chapitre 1, section 2**).

FIGURE 4 Classes de Linné (1758) et relation avec les genres d'Aristote (quelques simplifications). On notera que les termes 'insectes' et 'entomes', bien que ne recouvrant pas exactement les mêmes ensembles, veulent dire strictement la même chose : 'animaux découpés en segments' ('entomes' est construit sur le grec, 'insectes' sur le latin). L'humeur est un liquide interne qui n'est pas du sang, car il n'est pas rouge.

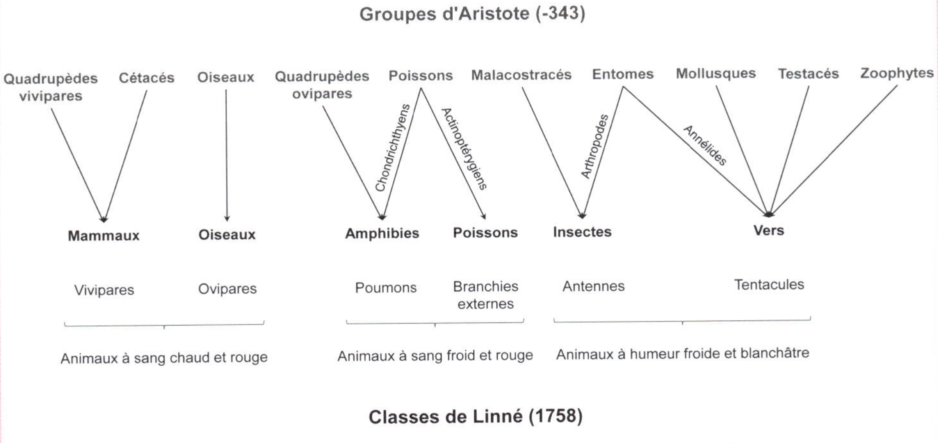

ENCADRÉ 3 | Pendant ce temps-là en zoologie

Vue d'aujourd'hui, la botanique des XVIe – XVIIIe siècles paraît très en avance sur la zoologie en matière de systématique. C'est qu'en fait, la classification n'était pas aussi importante pour les animaux que pour les plantes. À cette époque en effet, les plantes sont perçues comme beaucoup plus nombreuses que les animaux, elles se ressemblent beaucoup entre elles et il est indispensable d'identifier exactement celles qui sont utiles à la médecine. Les animaux, eux, sont perçus comme bien moins nombreux que les plantes, ils montrent des formes extrêmement variées et de ce fait sont aisément reconnaissables. Il n'y avait donc aucun besoin fort de développer une classification des animaux, et les études naturalistes étaient plus de l'ordre du comportement et de l'écologie que de la systématique. Dans la grande encyclopédie zoologique de Gesner par exemple (*Historiæ animalium*, 4000 pages en cinq volumes publiés entre 1551 et 1587), les animaux sont simplement organisés par ordre alphabétique. Les choses commencèrent à changer lorsqu'on prit conscience, au XVIIe siècle, de l'immense diversité des insectes (qui dépasse à elle seule celle des plantes).

Le désintérêt des zoologistes pour la systématique s'explique aussi par l'influence très forte du Français Georges Louis Leclerc, comte de Buffon, le second des deux plus grands naturalistes du XVIIIe siècle avec Linné. Buffon fut pendant 49 ans intendant, c'est-à-dire directeur, du Jardin royal des plantes de Paris (qui dépassait désormais le seul cadre des plantes médicinales). Il développa considérablement ce qu'on appelait communément le 'Jardin du Roi'. Son œuvre naturaliste, *Histoire naturelle*, est gigantesque : 36 volumes publiés de son vivant (entre 1749 et 1789), dont 21 sur les animaux (quadrupèdes et oiseaux seulement !), plus huit autres après sa mort (fin des quadrupèdes, poissons et cétacés). C'est une encyclopédie dans la tradition de Pline et Gesner, magnifiquement illustrée, dans laquelle tout ce qui est connu sur chaque espèce est décrit (morphologie, anatomie, habitat, comportement, etc.). L'*Histoire naturelle* popularisa le naturalisme auprès du grand public et rendit Buffon très célèbre. D'un point de vue théorique, on peut difficilement imaginer plus opposés que Buffon et Linné. Les deux hommes se sont en effet affrontés durant toute leur carrière. Buffon rejetait le choix de Linné de n'utiliser que quelques caractères pour classer (il considérait que tous les caractères devaient être pris en compte, y compris autres que morphologiques et anatomiques), et rejetait le principe même de la classification qu'il jugeait comme dénuée de sens et d'intérêt. Pour lui, seule l'espèce était une catégorie naturelle, tous les rangs supérieurs étant artificiels (au début de sa carrière il pensait que même l'espèce était une catégorie artificielle, et que seuls les individus étaient réels). Dès lors, l'organisation des espèces devait être libre et simplement pratique. Par exemple, Buffon distinguait les Mammifères avant tout selon qu'ils étaient domestiques ou sauvages. Enfin, il rejetait la nomenclature binomiale de Linné car seul devrait compter le bon sens, donc les noms vernaculaires.

4. La distinction formelle entre classification naturelle et artificielle

Nous avons vu que depuis la Renaissance, l'ambiguïté règne entre système naturel et systèmes artificiels, c'est-à-dire entre le respect de l'ordre naturel des choses et la facilité d'identifier les organismes. Cette ambiguïté est entretenue par le fait que jusqu'alors, les auteurs cherchent à atteindre ces deux objectifs dans un même système (cf. **section 2** pour Tournefort, qui est représentatif de ses successeurs). Le premier naturaliste à comprendre que ces deux objectifs ne peuvent être remplis en même temps est le Français Jean-Baptiste de Monet, chevalier de Lamarck. Botaniste de formation, Lamarck publie en 1779 *Flore française* (trois volumes)[10], qui lui vaudra une reconnaissance et une renommée immédiates. Dans l'introduction de cet ouvrage, il affirme qu'il n'est pas possible de créer un système qui à la fois permette l'identification facile des plantes et reflète l'ordre naturel. Il révolutionne donc l'usage en proposant non pas un, mais deux systèmes.

Le premier système est artificiel et organisé de manière hiérarchique, c'est une clé de détermination assumée comme telle. Elle permet, par une suite de divisions quasiment toutes dichotomiques (par deux), d'identifier toute plante connue en France. Pour cela Lamarck s'appuie sur tous les caractères de la plante, non pas pris ensemble mais selon celui qui s'avère le plus pratique à un moment donné du processus d'identification. C'est la facilité d'emploi de ce système qui rendra Lamarck célèbre.

Le second système se veut naturel. Comme d'autres avant lui, Lamarck considère l'espèce et le genre comme seules catégories véritablement naturelles. Il organise ces genres selon sa vision de ce qu'est l'ordre naturel : une série linéaire et continue depuis le genre le plus « imparfait » jusqu'au plus « parfait ». C'est une vision en accord avec l'échelle des êtres, héritée d'Aristote, Leibniz et Bonnet (cf. **Chapitre 1, section 2**). Comme la série est continue, il n'y a aucun regroupement au-dessus des genres car par principe de tels regroupements ne seraient pas naturels. Lamarck établit la série des genres de proche en proche, en utilisant les caractères de la fleur, du fruit et de la graine. Pour être totalement objectif (ce que requiert une classification naturelle), Lamarck introduit une méthode de calcul de la proximité entre les genres, certes rudimentaire mais qui est certainement la première incursion des mathématiques dans l'histoire de la systématique.

---

[10] Les deux premières éditions s'appellent en fait *Flore françoise*, en ancien français. À partir de la 3e édition de 1805, qui compte cinq volumes, l'œuvre est co-signée avec Candolle.

Lamarck étant surtout connu pour ses positions transformistes, c'est-à-dire en faveur de l'évolution des espèces (cf. **Chapitre 3, section 2.4**), précisons qu'à l'époque de la parution de la 1re édition de la *Flore française*, il est encore totalement fixiste (selon le fixisme, les espèces ont été créées telles qu'on les observe aujourd'hui et sont immuables).

Chapitre 3

La systématique zoologique fait enfin des progrès

1. La 'méthode naturelle' des botanistes

Depuis la fin du XVIIe siècle, l'objectif ultime des systématiciens est de construire le système naturel. Pour cela, ils cherchent ce qu'on appelle la 'méthode naturelle'. Celle-ci émergera dans la seconde moitié du XVIIIe siècle. En fait, ce n'est pas une mais deux méthodes qui seront proposées, par deux botanistes du Jardin du Roi de Paris. Elles ont pour point commun de rejeter l'emploi d'un seul type de caractères, comme on le trouvait chez Tournefort et Linné. *Toutes les parties de la plante doivent pouvoir être utiles*, ce que défendaient déjà à la fin du XVIIe siècle les Anglais John Ray et Robert Morison, et le Français Pierre Magnol (en l'honneur de qui Linné créa le genre *Magnolia*).

La première méthode est proposée par le botaniste explorateur Michel Adanson, dans *Familles des plantes* (1763). Durant sa grande expédition au Sénégal (1748-1752), Adanson constate que de nombreuses espèces nouvelles qu'il décrit ne rentrent ni dans les genres ni dans les classes des systèmes de Tournefort et Linné, basés uniquement sur la fleur (à laquelle Tournefort ajoutait le fruit). Adanson en conclut qu'aucun caractère n'est plus important que les autres *à priori*, refuse ainsi la méthode de ses deux illustres prédécesseurs, et en vient à considérer que les groupes naturels doivent se former par une sorte d'intuition basée sur la connaissance de l'ensemble des caractères observables. En un mot, les plantes qui se ressemblent *globalement* le plus doivent être rassemblées dans un même groupe. C'est une démarche ascendante par agglomération, donc une vraie démarche de classification, basée sur un degré global de similarité. En fait, c'est une généralisation de ce que faisaient les botanistes depuis le XVIe siècle pour créer les genres, en l'assumant (comme Tournefort, cf. **Chapitre** 2, **section 2**) ou non (comme Linné, cf. **Chapitre 2**, **section 3**). Magnol et Buffon soutenaient la même idée. Pour atteindre son but, Adanson commence par construire 65 systèmes basés sur 22 parties de la plante afin d'avoir une vue exhaustive de tous les caractères observables : tige, racines, fleurs, fruits, graines, embryon et bien d'autres mais aussi hauteur, durée de vie, couleur, odeur, goût ou encore utilité pour l'homme. Puis, par un procédé qui relève de l'intuition plus que du calcul, il regroupe ses espèces en 1 615 genres, eux-mêmes regroupés en 58 « familles »[1] (il n'y a pas de catégorie au-dessus de la famille). Ce qu'il est important de saisir dans la démarche d'Adanson, et qui renverse ce qui se faisait jusqu'alors, c'est que les groupes naturels sont formés d'abord, puis, *à posteriori*, on regarde quels sont les caractères distinctifs de chaque famille, genre ou espèce. Des familles différentes, par exemple, peuvent ainsi être définies en utilisant des caractères différents : les fleurs pour les crucifères, le calice et la corolle pour les ombellifères, les styles et stigmates pour les légumineuses (actuelles Fabacées – haricots, soja, luzernes, etc.), etc.

La seconde méthode se réclamant naturelle est proposée par Antoine-Laurent de Jussieu, à partir de 1773 et surtout en 1789 dans son ouvrage le plus célèbre, *Genera plantarum*. Il la tire des intuitions non publiées de son oncle Bernard de Jussieu – lui aussi botaniste au Jardin du Roi –, qu'il développe et formalise[2]. Les Jussieu s'inscrivent dans la continuité de Linné, mais en modifient la méthode. Dans *Genera plantarum*, Jussieu énonce le principe de *subordination des caractères*, qui fonde son raisonnement et qui sera déterminant pour l'avenir de la systématique tant botanique que zoologique. Ce principe stipule que les caractères sont hiérarchisés (emboîtés), comme le sont les rangs taxinomiques. Ainsi, tous les caractères d'une plante peuvent éventuellement être utiles mais en réalité, certains permettent de définir la classe, d'autres permettent de définir l'ordre, d'autres le genre et ainsi de suite. En un mot tous les caractères n'ont pas la même portée, certains sont plus généraux que d'autres. Un des points clés de cette manière de voir les choses est que c'est le systématicien qui définit *à priori* les caractères utiles et leur valeur respective (c'est-à-dire quoi a une portée plus générale que quoi). Le principe de subordination des caractères peut également être appliqué pour un rang taxinomique donné. Par exemple, la classe est définie d'abord par le type de graine (« acotylédone », « monocotylédone », « dicotylédone »), *puis* par le nombre

[1] Le terme 'famille' a été introduit par Magnol dans son *Prodromus* (1689). Chez Magnol comme chez Adanson et d'autres, il est un strict équivalent de l'ordre de Linné (ce qui n'est plus le cas aujourd'hui, cf. **section 2.2**).

[2] Ces 'intuitions' ont émergé après qu'en 1758, le roi Louis XV a demandé à Bernard de Jussieu d'organiser le jardin botanique du Petit Trianon (dans le parc du château de Versailles) 'selon la classification naturelle'.

de pétales (aucun, un, plusieurs) et *enfin* par l'insertion des étamines par rapport à l'ovaire (en dessous, au-dessus ou autour) (figure 5).

FIGURE 5 Principe de subordination des caractères dans la formation des classes de plantes (extrait de *Genera plantarum*, 1789).

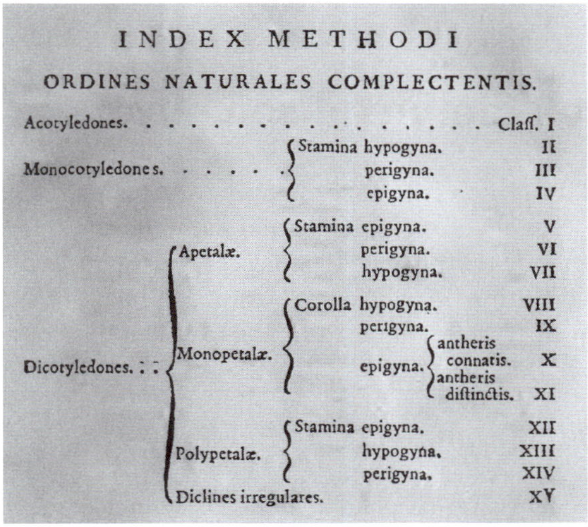

INDEX METHODI

ORDINES NATURALES COMPLECTENTIS.

Acotyledones.				Claſſ. I
Monocotyledones.		Stamina hypogyna.		II
		perigyna.		III
		epigyna.		IV
Dicotyledones.	Apetalæ.	Stamina epigyna.		V
		perigyna.		VI
		hypogyna.		VII
	Monopetalæ.	Corolla hypogyna.		VIII
		perigyna.		IX
		epigyna.	antheris connatis.	X
			antheris diſtinctis.	XI
	Polypetalæ.	Stamina epigyna.		XII
		hypogyna.		XIII
		perigyna.		XIV
	Diclines irregulares.			XV

La différence entre les méthodes d'Adanson et de Jussieu est irréconciliable : pour le premier, tous les caractères peuvent être pris en compte, sans apriori, pour estimer une similarité globale ; pour le second, tous les caractères peuvent également être pris en compte mais seuls certains sont retenus, qui sont hiérarchisés à priori selon une valeur relative estimée par le systématicien. Assez rapidement, c'est la méthode de Jussieu qui prendra le dessus et sera reprise, pour sa clarté, sa simplicité d'emploi et son apparence moins subjective[3]. La postérité retiendra donc que la méthode naturelle, celle qui conduit à la classification naturelle, est fondée sur le principe de subordination des caractères. On notera tout de même que cette méthode n'est pas exempte de subjectivité, puisque c'est le systématicien qui définit à priori la hiérarchie des caractères. Quoi qu'il en soit, l'engouement

[3] Un autre élément a joué dans le succès de Jussieu sur Adanson : Adanson était un homme assez isolé dans son travail même s'il avait de nombreuses relations, tandis que Jussieu appartenait à l'illustre dynastie des botanistes Jussieu. Antoine-Laurent de Jussieu obtint le poste qu'avait son oncle Bernard au Jardin du Roi quand celui-ci se retira, ce qui contribua à accroître son influence – Adanson convoitait aussi ce poste, mais il se dit que son défaut principal était… qu'il n'était pas un Jussieu. L'ironie de l'histoire est qu'Adanson démarra sa carrière auprès de Bernard de Jussieu, qu'il aida à concevoir le jardin du Petit Trianon. Mais il s'éloigna ensuite des principes de Jussieu dont il avait pourtant accompagné le développement.

pour le principe de subordination des caractères fut tel que l'établissement d'une classification naturelle devint le centre d'attention de nombreux naturalistes à partir de la fin du xviiie siècle. On ne chercha plus dès lors à construire à la fois des clés de détermination et des véritables classifications, mais on se concentra sur la classification elle-même. La rupture entre ces deux objectifs, que Lamarck avait été le premier à formaliser (cf. **Chapitre** 2, **section 4**), était consommée[4].

2. La zoologie prend son envol

Devant le succès du principe de subordination des caractères, les zoologistes ne tardèrent pas à vouloir établir la classification naturelle des animaux. C'est ici que nous quittons le monde des plantes. Restons cependant au Jardin du Roi, réorganisé suite à la Révolution en Muséum National d'Histoire Naturelle en 1793. C'est en effet là que la systématique animale va réaliser de grandes avancées.

2.1 Le système lamarckien

À la création du Muséum, Lamarck, l'illustre botaniste de la *Flore française* (cf. **Chapitre 2**, **section 4**), se voit attribuer le poste de professeur des « insectes, vers et animaux microscopiques ». Bien qu'il n'y connaisse pas grand-chose, Lamarck se plonge dans l'étude de ces animaux et en devient rapidement le maître. Dès son premier cours en 1794, il propose de réviser la séparation héritée d'Aristote entre les animaux « à sang rouge » et ceux « à sang blanc » (respectivement ceux pourvus et dépourvus de sang chez Aristote, cf. **Chapitre 1**, **section 2** figure 2). En effet, certains vers ont un sang rouge – ceux qu'on ne nomme pas encore les annélides – et Lamarck considère que seul devrait s'appeler 'sang' le liquide circulant dans des vaisseaux (c'est-à-dire dans un appareil circulatoire fermé). Il remplace donc la dichotomie basée sur la couleur du sang par une autre, basée sur la possession d'une colonne vertébrale. Les animaux à sang rouge deviennent ainsi les « animaux à vertèbres » et ceux à sang blanc les « animaux sans vertèbres ».

Au fur et à mesure de ses cours et de la publication de ses ouvrages d'histoire naturelle, Lamarck va considérablement améliorer la classification des animaux sans vertèbres, qui n'était vraiment pas satisfaisante chez Linné – seulement deux classes (insectes et vers) alors que les animaux à vertèbres, bien moins nombreux, en comptent quatre – et qui était devenue chaotique. Ainsi, dès 1796 et suite à un mémoire de

---

[4] On note cependant que pendant longtemps encore, les catégories supérieures au genre (ordre, classe, etc.) continueront à être perçues comme partiellement, voire totalement artificielles.

Cuvier l'année précédente (cf. **section 2.2**), il divise les vers de Linné en « mollusques » (actuels Mollusques, Brachiopodes et Pancrustacés Cirripèdes), « vers » (actuels Annélides, Plathelminthes et Nématodes), « échinodermes » et « polypes » (actuels Cnidaires, Cténophores, Rotifères, Spongiaires et divers unicellulaires). Puis il sort rapidement des polypes les méduses et ce qui y ressemble (actuels Cnidaires en phase méduse et Cténophores) pour constituer, avec les échinodermes, la nouvelle classe des « radiaires » (entre 1795 et 1799). Il créé ensuite les classes des « crustacés » (1799) – suite au mémoire de Cuvier de 1795 – et des « arachnides » (actuels Chélicérates et Myriapodes, 1800) à partir d'organismes précédemment placés dans les insectes. De deux classes chez Linné, les animaux sans vertèbres passent à sept dans le premier ouvrage de Lamarck, *Système des animaux sans vertèbres* (1801). Dans le suivant, *Recherches sur l'organisation des corps vivans* (1802)[5], les « annélides » sont sortis des vers pour constituer une classe à part, suite à des observations de Cuvier. Dans *Philosophie zoologique* (1809), il y a encore deux classes de plus : les « infusoires » introduits en 1807 (divers unicellulaires précédemment placés dans les polypes) et les « cirrhipèdes » (aujourd'hui Cirripèdes) nouvellement séparés des mollusques. Le système de Lamarck est abouti dans sa grande œuvre zoologique, *Histoire naturelle des animaux sans vertèbres* (sept volumes publiés entre 1815 et 1822) (figure 6).

FIGURE 6 Classes de Lamarck dans *Histoire naturelle des animaux sans vertèbres* (1815-1822) et relations avec celles de Linné dans la 10e édition de *Systema naturæ* (1758). Les « amphibies » de Linné ont été renommés « reptiles » par l'Autrichien Josephus Nicolaus Laurenti en 1768 (et incluent donc les actuels Lissamphibiens), tandis que l'usage du terme 'mammifères' a remplacé celui de 'mammaux' à la toute fin du XVIIIe siècle (le nom latin, *Mammalia,* étant resté inchangé). Les classes vont des animaux les plus « parfaits » (à gauche) aux plus « imparfaits » (à droite).

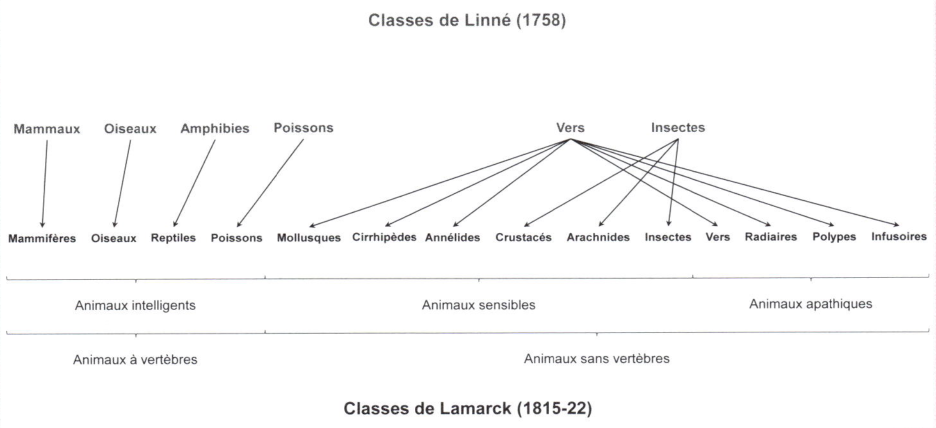

5 Ouvrage dans lequel Lamarck commence à utiliser la terminologie « vertébrés » / « invertébrés » indifféremment avec « animaux à vertèbres » / « animaux sans vertèbres ».

Pour établir ses classes, et plus généralement toute sa classification, Lamarck va opérer un revirement symptomatique de la charnière qu'est le passage du XVIIIe au XIXe siècle : d'une appréciation d'ensemble basée essentiellement sur une similarité morphologique globale, qui rappelle l'« air de famille » des botanistes (cf. **Chapitre** 2, **section 2**), il passe rapidement à l'utilisation de caractères anatomiques sous l'influence de Cuvier (cf. **section 2.2**), au point d'affirmer que « toute classe doit comprendre des animaux distingués par un système particulier d'organisation. » (*Philosophie zoologique*). Adepte de la méthode naturelle des Jussieu, Lamarck utilise une hiérarchie de caractères claire pour établir sa classification. Celle-ci varie cependant avec le temps : dans *Système des animaux sans vertèbres* (1801) les organes à la valeur relative la plus importante sont ceux de la respiration, puis viennent ceux de la circulation et enfin ceux du « sentiment » (le système nerveux, la sensibilité et les 'capacités intellectuelles') ; dans *Philosophie zoologique* (1809) ce sont d'abord ceux du sentiment, puis ceux de la respiration et enfin ceux de la circulation ; dans *Histoire naturelle des animaux sans vertèbres* (1815) ce sont d'abord ceux de la digestion, puis ceux de la respiration, du mouvement, de la « génération » (la reproduction), du sentiment et enfin de la circulation.

La relation de Lamarck avec l'échelle des êtres (cf. **Chapitre 1**, **section 2**) est intéressante et permet d'éclairer une partie des discours qui ont perduré au XXe siècle. Nous avons vu que dans *Flore française* (1778), les genres de plantes étaient organisés selon une série linéaire et continue (cf. **Chapitre 2**, **section 4**). Dans *Système des animaux sans vertèbres*, le point de vue est différent : les animaux sont bien organisés « naturellement » selon une série *linéaire* et *continue*, mais celle-ci ne concerne ni les genres ni les espèces ; elle est visible au niveau des « grandes masses » (les classes). Cette série va des êtres les plus « parfaits » (ou « composés », c'est-à-dire complexes) aux plus « imparfaits » (« simples »), et est marquée par une « dégradation » et une « simplification » progressives[6]. Lamarck utilise abondamment les termes « chaîne » et « échelle » pour décrire cette série. Accusé de ressusciter l'échelle des êtres d'Aristote, Leibniz et Bonnet (cf. **Chapitre 1**, **section 2**), il s'en défendra vigoureusement dans *Histoire naturelle des animaux sans vertèbres*, avec comme argument principal que sa série ne concerne que les classes et pas les genres ni les espèces. Lamarck défendra toujours sa hiérarchie des classes, qui dans sa forme finale va des mammifères aux infusoires (figure 6). Cependant, il variera sur deux aspects. Premièrement et sous l'influence de Cuvier, il relativisera, à partir

---

[6] Pour Lamarck, orienter la série est très simple puisque la référence incontestable de perfection est l'Homme. Dans *Histoire naturelle des animaux sans vertèbres*, il énonce « quatre faits, trop reconnus et trop positifs pour qu'il soit possible d'en contester raisonnablement aucun », dont « la conséquence suivante résulte nécessairement. L'organisation de l'homme étant la plus composée et la plus perfectionnée de toutes celles que la nature a pu produire, on peut assurer que, plus une organisation animale approche de la sienne, plus elle est composée et avancée vers son perfectionnement ; et de même, que plus elle s'en éloigne, plus alors elle est simple et imparfaite. »

de *Philosophie zoologique*, le caractère continu de la série pour finalement affirmer que les classes forment des ensembles bien séparés[7]. Deuxièmement et cela semble paradoxal car il soutient toujours la progression des infusoires aux mammifères, Lamarck reviendra sur le caractère unique de sa série pour en supposer de plus en plus, dans *Philosophie zoologique* puis dans *Histoire naturelle des animaux sans vertèbres* où les invertébrés sont même déconnectés des vertébrés (figure 7). Quoi qu'il en soit, même si le concept d'échelle des êtres tel qu'initialement formulé est rejeté, il reste chez Lamarck cette idée fondamentale, héritée d'Aristote, que tous les animaux ne se valent pas. Certains sont plus 'parfaits' que d'autres car ils sont plus 'complexes', autrement dit car ils ressemblent plus à l'Homme.

FIGURE 7 Organisation en série des classes animales selon Lamarck. Gauche: extrait de *Philosophie zoologique* (1809). On reconnaît toutes les classes déjà évoquées. « M. » = mammifères (la seule classe dont les quatre ordres sont présentés). Les « mammifères amphibies » ne sont pas les actuels Lissamphibiens (qui sont ici inclus dans les reptiles) mais certains mammifères aquatiques: otaries, phoques, etc. Droite: extrait de *Histoire naturelle des animaux sans vertèbres* (1815).

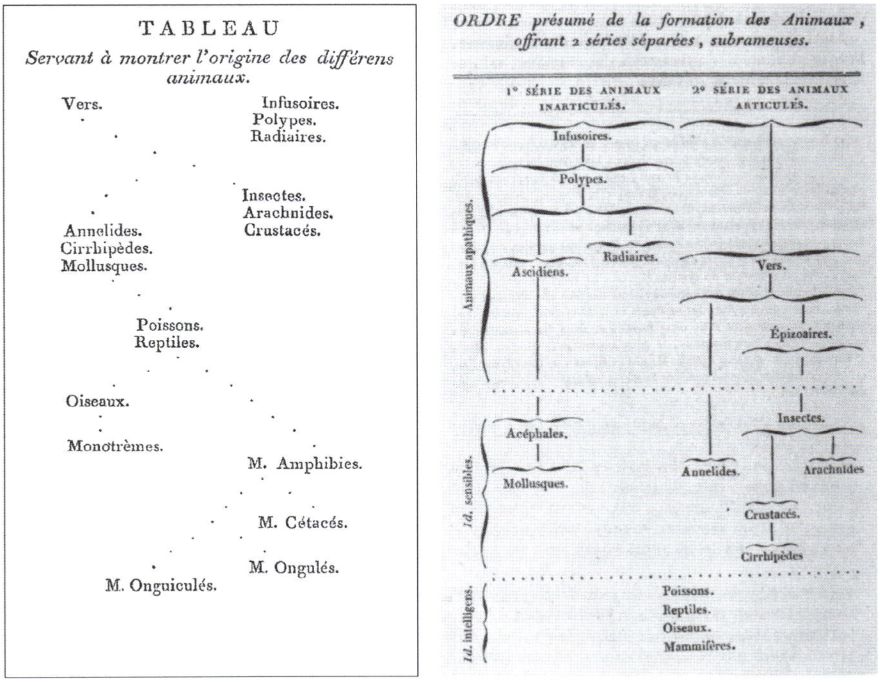

[7] Initialement, Lamarck considère par exemple que les 'monotrèmes' (actuels Mammifères Monotrèmes), qui viennent juste d'être découverts en Australie, prouvent le caractère continu de sa série des classes animales: ils ne sont ni des mammifères car ils n'ont pas de mamelles et pondent des œufs, ni des oiseaux car ils n'ont pas de plumes. Ce sont donc des intermédiaires entres mammifères et oiseaux.

2.2 Embranchement, plan d'organisation et homologie

À la même époque que Lamarck, travaillent au Muséum deux autres zoologistes français qui marqueront l'histoire de la systématique animale : Georges Cuvier et Étienne Geoffroy Saint-Hilaire. L'immense rayonnement du trio Lamarck-Cuvier-Geoffroy est tel que beaucoup considèrent le premier quart du XIXe siècle comme l'âge d'or du Muséum (pour ce qui est de la zoologie, du moins).

Bien avant d'arriver au Muséum, Cuvier avait déjà un fort intérêt pour l'anatomie, qu'il pratiquait surtout sur des animaux 'à sang blanc' (comme on disait alors). Cuvier alla plus loin que l'anatomie classique en développant considérablement l'*anatomie comparée*, à la suite de travaux pionniers comme ceux du Français Félix Vicq d'Azyr[8]. C'est en effet par la comparaison que Cuvier développe une grande compréhension des relations entre structures anatomiques et fonctions remplies par ces structures. Il établit ainsi l'un des principes les plus importants de l'anatomie comparée, le « principe de corrélation des formes », qui dit que toutes les parties d'un animal sont liées entre elles par leurs fonctions, le tout formant un ensemble harmonieux et parfaitement opérationnel. L'application directe de ce principe est que, connaissant une partie d'un animal, on peut en déduire la forme des autres. Cuvier ne tardera pas à appliquer son principe aux fossiles de vertébrés. Il est ainsi considéré comme le fondateur de la paléontologie des vertébrés, et sera extrêmement célèbre pour ses reconstitutions d'espèces fossiles[9].

C'est sa connaissance aiguisée de l'anatomie des animaux, exceptionnelle pour l'époque et qui contrastait avec le Lamarck de 1793 (cf. **section 2.1**), qui permit à Cuvier d'importer le principe de subordination des caractères en zoologie (principe dont les connaissances en anatomie sont un prérequis à son application). Cuvier était en effet un grand admirateur du *Genera plantarum* de Jussieu et de la méthode naturelle qui y avait été développée pour la classification des plantes (cf. **section 1**). Nous ne détaillerons pas les étapes par lesquelles Cuvier a subdivisé les classes de Linné. Le travail de Cuvier est en effet parallèle à celui de Lamarck, et les deux hommes se sont mutuellement influencés voire entraidés[10].

---

[8] Quand Cuvier fut nommé professeur au Muséum en 1802, il renomma immédiatement sa « chaire d'anatomie des animaux » en « chaire d'anatomie comparée ». Ses cours furent publiés sous le titre *Leçons d'anatomie comparée de G. Cuvier* (1re édition en cinq volumes entre 1800 et 1805), rédigés par ses collègues André Marie Constant Duméril puis Louis Georges Duvernoy.

[9] Son travail est publié dans *Recherches sur les ossemens fossiles de quadrupèdes* (1re édition 1812 en quatre volumes). Pour information, Lamarck est lui considéré comme le fondateur de la paléontologie des invertébrés.

[10] Par exemple, c'est Cuvier qui a le premier 'éclaté' la classe des vers de Linné, dans un mémoire de 1795. Lamarck a repris les quatre classes de Cuvier dans ses premiers cours (en changeant le terme « zoophytes » – littéralement 'animaux-plantes' –, qu'il refuse car il n'y a pas d'ambiguïté entre plantes et animaux selon lui, pour le remplacer par le terme « polypes »). C'est encore Cuvier qui montre en 1801 que

Les classes de Lamarck et Cuvier sont en effet pour le moins similaires, dans leurs contours comme dans leur appellation. Cuvier les décrit dans *Tableau élémentaire de l'histoire naturelle des animaux* (1797), qui signe le début de son travail, et surtout dans *Le règne animal distribué d'après son organisation* (1817, quatre volumes dont le troisième sur les crustacés, les arachnides et les insectes est l'œuvre de Pierre-André Latreille; 2de édition de cinq volumes en 1829, dont les deux derniers de Latreille), son aboutissement.

À mesure que Cuvier donne ses leçons d'anatomie comparée, il réalise un problème important: si l'on peut facilement décrire des «généralités communes» aux quatre classes de vertébrés, l'exercice est impossible pour les invertébrés[11]. Réfléchissant au problème, il aboutit à la conclusion que les différentes classes d'animaux se regroupent en «quatre formes principales». Ces «formes», il les appelle des «embranchements»[12]. Cuvier introduit ici un nouveau rang taxinomique, entre la classe et le règne. En sachant qu'en 1796, Latreille avait formalisé le rang de 'famille' comme étant intermédiaire entre le genre et l'ordre (et non plus synonyme d'ordre), on a désormais la fameuse 'hiérarchie linnéenne des rangs taxinomiques': sous-espèce (= variété en botanique) < espèce < genre < famille < ordre < classe < embranchement < règne.

Cuvier publie ses conclusions dans un mémoire de 1812. Les quatre embranchements qu'il définit sont les vertébrés, les mollusques (qui passent du statut de classe à celui d'embranchement), les «articulés» et les zoophytes ou «rayonnés» (figure 8). Après observation, il se rend compte que le caractère associé aux embranchements est le système nerveux. En effet, «Le système nerveux est le même dans chaque forme», et il diffère d'une forme à l'autre. En zoologie, le caractère qui a la plus grande valeur relative pour la classification, celui qui doit trôner tout en haut de la hiérarchie des caractères, doit donc être le système nerveux. Plus généralement, après examen de nombreux caractères anatomiques, Cuvier postule que chaque embranchement est fondé sur un «plan». C'est la naissance de la notion de *plan d'organisation*, qui désigne l'organisation

---

certains vers possèdent des vaisseaux contenant du sang rouge, poussant Lamarck à créer pour eux la classe des annélides l'année suivante (Cuvier les appelle «vers à sang rouge»). Lamarck peut passer pour un 'suiveur' de Cuvier, mais il faut rappeler que vers 1800 Lamarck est encore un botaniste fraîchement passé à la zoologie, quand Cuvier est un vrai zoologiste de formation, brillant anatomiste de surcroît.

11 C'est une formidable intuition du caractère non naturel des 'groupes négatifs', qui sont construits en miroir de groupes 'positifs' définis, eux, par des caractères communs (ici les vertébrés sont réunis car ils ont une colonne vertébrale, tandis que les invertébrés sont simplement… tous les autres animaux) (cf. **Chapitre 5, section 3.2**).

12 En anglais, on ne dit pas 'embranchement' mais *phylum*. D'où le fait qu'on retrouve également ce terme en français, comme synonyme d'embranchement. La dénomination 'phylum' sera reprise par les botanistes dans la première moitié du XXe siècle, en remplacement du terme traditionnel 'division' (qui n'a pas totalement disparu). Le mot 'division' fait en effet référence à la démarche descendante par division, dont on s'est progressivement rendu compte qu'elle n'était pas appropriée pour construire une classification naturelle (cf. **Chapitre 2, section 2**).

morpho-anatomique 'type' d'un embranchement, un « système particulier d'organisation » comme disait Lamarck (cf. **section 2.1**). Elle est héritée de la botanique, où chaque famille de plantes est caractérisée par le « plan » de la fleur (chez les Angiospermes bien sûr). Cuvier dit clairement les choses : au sein d'un embranchement, les différences entre classes, ordres, familles, genres ou espèces « ne sont que des modifications assez légères fondées sur le développement ou sur l'addition de quelques parties, mais qui ne changent rien à l'essence du plan. » Le mot important est 'essence' *: tous les animaux d'un embranchement sont fondamentalement construits autour du même 'type'*, et n'en varient *qu'à la marge*.

FIGURE 8 Embranchements et classes de Cuvier dans *Le règne animal distribué d'après son organisation* (1817) et relations avec celles de Linné dans la 10e édition de *Systema naturæ* (1758). Les « amphibies » de Linné ont été renommés « reptiles » par l'Autrichien Josephus Nicolaus Laurenti en 1768 (et incluent donc les actuels Lissamphibiens), tandis que l'usage du terme 'mammifères' a remplacé celui de 'mammaux' à la toute fin du XVIIIe siècle (le nom latin, *Mammalia*, étant resté inchangé). Les « cirrhopodes » et les « intestinaux » sont respectivement les cirrhipèdes et les vers de Lamarck. Les « ptéropodes », « acéphales » et « acalèphes » sont respectivement une partie des Mollusques Gastéropodes, les Mollusques Bivalves et une partie des Cnidaires actuels.

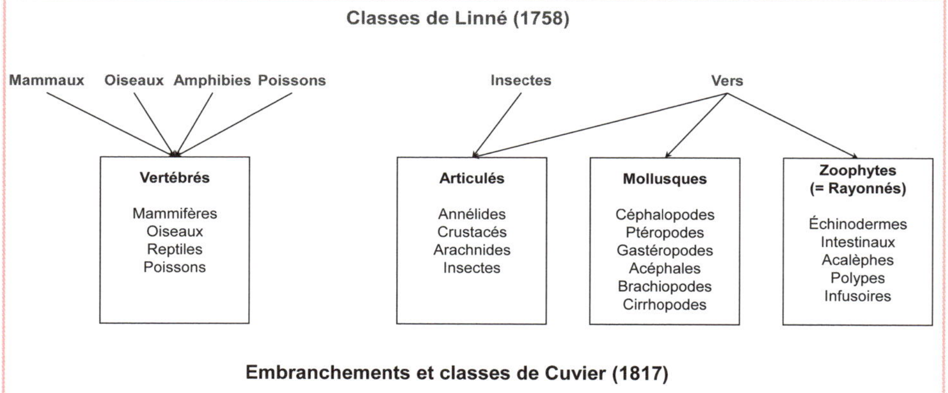

Mis à part la nouvelle notion d'embranchement, Cuvier semble proche de Lamarck. Il n'en est rien. Cuvier rejette toute idée d'échelle des êtres, de série linéaire et continue entre les formes animales, pour deux raisons : d'une part car les embranchements sont des entités fondamentalement distinctes, sans aucun rapport entre elles ni aucun intermédiaire ; d'autre part car même si au sein d'un embranchement, par exemple les vertébrés, « on peut suivre les dégradations d'un même plan, depuis l'homme jusqu'au dernier des poissons » – une formule qui pourrait être de Lamarck ! –, « ce n'est point par une seule ligne que l'on descend ainsi » (mémoire de 1812).

Geoffroy Saint-Hilaire, nommé professeur de « zoologie des quadrupèdes, cétacés, oiseaux, reptiles, poissons » au Muséum en 1793 (chargé des seuls mammifères et oiseaux à partir de 1794), aura un apport complémentaire de celui de Cuvier en anatomie comparée. Habité par son « principe d'unité de composition », il montrera le premier, entre 1806 et 1812, que les vertébrés sont construits selon le même « plan ». Cuvier s'inspirera certainement de cette démonstration pour définir ses quatre embranchements[13]. Geoffroy développera également un « principe de balancement des organes » (un organe se développe toujours au détriment des autres), et surtout un « principe des connexions », qui stipule que des organes de même origine embryologique sont toujours positionnés au même endroit dans le plan d'organisation – ils sont 'connectés' aux mêmes autres organes –, même si leur forme ou leur fonction diffère d'un animal à l'autre[14]. Geoffroy qualifie de tels organes d'« analogues ». Cette notion sera déterminante pour la suite de l'histoire de la systématique, mais ce n'est pas sous ce nom qu'elle est connue aujourd'hui. En effet, l'« analogie » de Geoffroy sera renommée « homologie » en 1843 par Richard Owen, le plus grand anatomiste anglais de son temps. Une *homologie* est définie par Owen comme « Le même organe dans différents animaux sous toutes les variétés possibles de forme et de fonction. » Comment savoir que deux organes sont les mêmes ? Grâce au principe des connexions de Geoffroy. L'homologie est un concept uniquement *structural*, c'est la position dans le plan d'organisation. Elle s'oppose à ce qu'Owen appelle l'« analogie », son pendant *fonctionnel* : « Un organe d'un animal qui a la même fonction qu'un autre organe chez un autre animal. » Une analogie est ainsi une similitude de fonction entre deux organes non homologues. C'est la terminologie d'Owen qui est parvenue jusqu'à nous, et non celle de Geoffroy.

2.3 L'apport majeur de l'embryologie

Les caractères morphologiques, et surtout anatomiques, jouent un rôle primordial dans le travail de systématique de Lamarck et Cuvier. Très vite vont s'y ajouter les caractères embryologiques, qui auront une grande importance pour le devenir de la classification des animaux. Si l'on peut faire remonter l'origine de l'embryologie à l'Antiquité (les figures les plus importantes en la matière étant les Grecs Hippocrate et Aristote, et le Romain Galien), c'est véritablement dans la première moitié du XIXe siècle qu'elle se développe[15]. C'est à cette période par

---

13 Geoffroy se perdra un peu dans sa volonté d'étendre cette unité de composition à l'ensemble des animaux, ce qui ne manqua pas de déclencher une féroce controverse avec Cuvier (pour qui, rappelons-le, il n'y a rien de commun entre les quatre embranchements).

14 Par exemple, un fémur est toujours connecté aux mêmes autres os quel que soit le vertébré (si tant est qu'il ait un membre postérieur !). D'où le fait qu'on nomme toujours cet os de la même manière : 'fémur'.

15 Les travaux fondateurs qui ont précédé l'essor de l'embryologie peuvent être attribués pour grande partie à l'Anglais William Harvey (XVIIe siècle) et surtout à l'Allemand Caspar Friedrich Wolff (XVIIIe siècle).

exemple que s'établit la théorie des *feuillets embryonnaires*, concept fondamental de l'embryologie moderne. Cette théorie est d'abord échafaudée chez les vertébrés : esquissée par Wolff dans *De formatione intestinorum* ('La formation des intestins', 1768-69), reprise et consolidée par Christian Pander qui propose l'existence de trois feuillets dans sa thèse de 1817, développée par Karl Ernst von Baer qui ajoute un quatrième feuillet en 1828, assise par Robert Remak qui réduit définitivement le nombre de feuillets à trois en 1855 dans *Untersuchungen über die Entwickelung der Wirbelthiere* ('Études sur le développement des animaux vertébrés') et qui les nomme « ectoderme », « mésoderme » et « endoderme ». La théorie est étendue telle quelle à certains invertébrés par Martin Rathke, quand Thomas Henry Huxley et George James Allman montrent que d'autres invertébrés – les méduses notamment – n'ont que deux feuillets (ectoderme et endoderme), tout cela dans les années 1840-1855.

C'est le Russe Baer, le plus important embryologiste de l'époque, qui fera la contribution majeure de sa discipline à la systématique. Dans son ouvrage phare publié en 1828, *Über Entwickelungsgeschichte der Thiere*[16] ('Sur l'histoire du développement des animaux') – dans lequel il développe aussi la théorie des feuillets embryonnaires –, Baer énonce ce qui sera plus tard appelé la 'loi de von Baer'. Dans sa version la plus simple, elle dit que le développement embryonnaire va *du général au particulier*. Autrement dit, qu'au début du développement apparaissent les caractères les plus généraux, ceux présents chez un grand nombre d'espèces, puis petit à petit apparaissent des caractères de plus en plus particuliers, présents chez de moins en moins d'espèces. Au début du développement les animaux se ressemblent fortement, mais plus le développement progresse et moins ils se ressemblent. Plus précisément, Baer montre qu'apparaissent d'abord les caractères propres à la classe, puis ceux propres à l'ordre, puis la famille, le genre, l'espèce, la sous-espèce et enfin l'individu. En un mot, Baer montre qu'il y a un lien fort entre le développement embryonnaire et la systématique. Ses observations donnent un éclairage nouveau au principe de subordination des caractères : c'est l'ordre d'apparition des caractères pendant le développement embryonnaire qui détermine leur valeur relative pour la classification. Dès lors, les caractères embryologiques et leur ordre d'apparition viendront compléter les caractères morpho-anatomiques pour la construction des classifications.

Dans le même ouvrage de 1828, Baer tire d'autres conclusions qui intéressent la systématique. Comparant le développement embryonnaire de nombreux animaux, il en conclut que tous les développements se résument en quatre « types » bien différenciés et sans intermédiaires, qui correspondent à quatre modalités de développement. Ces types rejoignent quasi exactement les quatre embranchements de Cuvier : le type vertébré (embranchement des vertébrés), le type massif

[16] Le deuxième volume est publié en 1837 sans l'accord de Baer, et le troisième de 1888 est posthume.

ou molluscoïde (mollusques et une petite partie des zoophytes), le type longitudinal (articulés) et le type périphérique ou radié (la plus grande partie des zoophytes). Cuvier voit dans les résultats de Baer une confirmation éclatante de sa théorie, car les deux hommes sont arrivés au même résultat par des approches totalement indépendantes[17].

2.4 Systématique et évolution

Nous l'avons déjà dit, la systématique n'implique rien en elle-même à propos de l'évolution des organismes. Le sens à donner à cette systématique dépend de la philosophie du systématicien. Cette période charnière du début du XIXe siècle en est une illustration parfaite. Cuvier est un fixiste absolu, il est convaincu que les espèces n'évoluent pas et il combattra l'idée d'évolution toute sa vie. Pour lui les formes animales sont des entités non reliées entre elles, certainement pas dans une série rappelant l'échelle des êtres. Lamarck est quant à lui le fondateur du *transformisme*, c'est-à-dire de la théorie de l'évolution. Plus précisément, il est le fondateur de la *première* théorie de l'évolution, qui n'a pas grand-chose à voir avec celle d'aujourd'hui. Il est partisan d'une hiérarchie entre les taxons animaux, et d'une évolution graduelle, au cours des générations, des formes les plus simples – qui apparaissent par génération spontanée – vers les plus complexes selon les séries qu'il a établies (cf. **section 2.1** figure 7). Geoffroy adopte l'idée d'échelle des êtres. Il n'est pas vraiment partisan de l'évolution, malgré son amitié pour Lamarck, mais pense qu'avec le temps apparaissent des organismes qui vont chaque fois un peu plus loin dans les étapes du développement embryonnaire, ce qu'il lie avec une progression dans l'échelle des êtres (cf. **Chapitre 4, section 2.2**) – ce qui ne signifie pas pour autant que les espèces les plus complexes descendent des plus simples. Toutefois, en 1825, au cours d'une controverse avec Cuvier à propos de crocodiles fossiles (les fameux crocodiles de Caen, de Honfleur et du Havre), Geoffroy posera les fondations de ce qu'on appellera plus tard la paléontologie évolutive et se rapprochera des vues de Lamarck, qu'il n'avait jamais soutenues jusqu'alors[18].

---

[17] Il y a tout de même une petite nuance à apporter : les quatre types de Baer ne peuvent pas être aussi indépendants que les quatre embranchements de Cuvier, car la cellule-œuf est la même quel que soit le type. Au tout début du développement embryonnaire, il n'y a donc pas indépendance des types.

[18] La controverse porte sur l'interprétation de crocodiles fossiles qui, selon Cuvier, sont des gavials (différents des gavials actuels). Geoffroy arrive à la conclusion que non seulement ce ne sont pas des gavials, mais il note que le crâne du 'crocodile de Caen' (qu'il nomme *Teleosaurus*) montre à la fois des caractères de reptiles et des caractères de mammifères. Il en arrive à la conclusion que le *Teleosaurus* est un ancêtre des gavials actuels, et donc qu'il y a évolution des espèces. Cuvier, fixiste acharné, s'arc-boutera à interpréter les fossiles comme des gavials car sinon « Autant voudrait dire que toutes nos espèces vivantes viennent les unes des autres. » (*Recherches sur les ossemens fossiles de quadrupèdes*, 2e édition, 1824), une conclusion qui est en opposition totale avec les idées qu'il défendit toute sa carrière.

Chapitre 4

Une révolution conceptuelle : la classification naturelle est historique

1. « Toute classification vraie est donc généalogique »

Les années 1855-1859 sont un tournant pour la systématique, qu'elle soit animale ou végétale. Deux naturalistes britanniques, Charles Darwin et Alfred Russel Wallace, proposent indépendamment des théories extrêmement proches sur l'évolution des espèces. L'histoire est longue et il n'est pas lieu de la raconter ici. Nous donnerons seulement quatre points de repères temporels (pour ce qui est des évènements publics) :

(i) La publication par Wallace, en 1855, d'un article dans la revue de la Société Linnéenne de Londres (prestigieuse société savante d'histoire naturelle) : *On the law which has regulated the introduction of new species*.

(ii) La présentation conjointe, en leur absence[1], des théories de Darwin et Wallace à la Société Linnéenne de Londres, le 1er juillet 1858.

(iii) La publication, en 1858, d'un autre article de Wallace dans la revue de la Société Linnéenne : *On the tendency of varieties to depart indefinitely from the original type*[2].

---

[1] Darwin est absent pour cause de funérailles de son 10e et dernier enfant, Charles Waring Darwin, mort de la scarlatine à 18 mois. Wallace est en Asie du Sud-Est, au beau milieu de sa grande expédition dans l'archipel malais (1854-1862).

[2] Cet article est celui qui a été lu à la séance du 1er juillet. Wallace l'avait originellement envoyé à Darwin – avec qui il correspondait –, et n'a su qu'il avait été publié que quelques mois plus tard, sans avoir eu la possibilité d'y apporter la moindre correction.

(iv) La publication, en 1859, de l'ouvrage phare de Darwin : *On the origin of species by means of natural selection* ('L'origine des espèces', six éditions entre 1859 et 1876).

Darwin et Wallace sont les fondateurs de la *seconde* théorie de l'évolution, bien différente de celle de Lamarck, et qui est à l'origine de la théorie actuelle. Ils proposent le mécanisme de la sélection naturelle pour expliquer l'évolution, qui n'est pas le sujet de cet ouvrage. Ce qui est important ici, c'est la manière dont ils révolutionnent le *sens* à donner à la systématique. Pour Darwin et Wallace, l'évolution se fait selon un processus que Darwin appelle *descent with modification*[3]. C'est le raisonnement qui nous est extrêmement familier aujourd'hui, mais qui était révolutionnaire à l'époque : les espèces descendent chacune d'une espèce précédente et *partagent des ancêtres communs*. Plus ces ancêtres sont récents, plus les espèces se ressemblent. Plus les ancêtres sont éloignés dans le temps, moins les espèces se ressemblent. On peut représenter le processus sur un arbre (figure 9).

FIGURE 9 La 'descendance avec modification' représentée par Darwin, dans ce qui est l'unique illustration de *L'origine des espèces* (1859). Les espèces A à L en bas de la figure sont les espèces ancestrales, dont certaines ont des descendants actuels (ligne du haut).

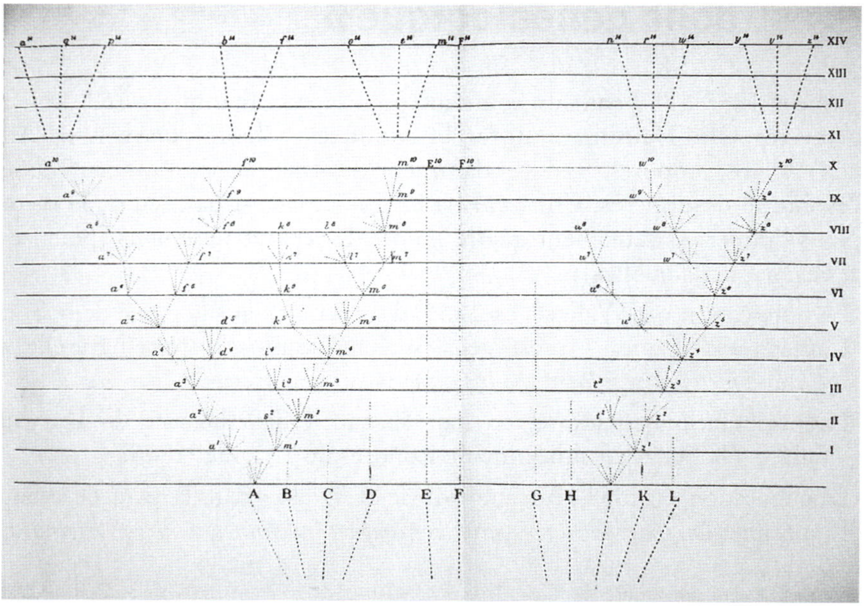

[3] Souvent traduit en 'descendance avec modification', mais l'anglais *descent* veut tout aussi bien dire 'descendance' et 'ascendance', et c'est souvent ce second mot qu'il faut comprendre. Un bon compromis en français est le terme 'filiation' proposé par Patrick Tort.

Tous les résultats connus jusqu'alors prennent un sens nouveau. La structure hiérarchique de la classification est directement causée par la généalogie des espèces. Les homologies dans l'organisation des animaux sont des caractères hérités d'un ancêtre commun. Le principe de subordination des caractères, dont on n'avait pas d'explication à part la volonté divine, s'explique : les caractères définissant un embranchement sont des homologies héritées d'un ancêtre commun très ancien, ceux définissant la classe sont des homologies héritées d'un ancêtre commun plus récent et ainsi de suite. Même chose pour le partage de caractères lors du développement embryonnaire et leur ordre d'apparition qui est corrélé avec la proximité dans la classification. En résumé, l'ordre naturel des choses, qu'on perçoit depuis deux siècles et qu'on a toujours expliqué par la volonté de Dieu, trouve une explication naturelle : il est la marque de l'histoire du vivant, de son évolution par filiation et modifications successives. Comme le dit Darwin dans *L'origine des espèces* : « la communauté de descendance est le lien caché que les naturalistes ont, sans en avoir conscience, toujours recherché ». La 'descendance avec modification' est une explication si naturelle et cohérente des résultats de l'anatomie, de l'embryologie, de la systématique mais aussi de la paléontologie et de la biogéographie (l'étude de la répartition géographique des espèces), qu'elle est adoptée par l'ensemble des naturalistes en une vingtaine d'années seulement[4].

On comprend dès lors pourquoi *il n'existe qu'une seule classification naturelle :* car *il n'y a qu'une seule histoire du vivant.* Si cette révolution conceptuelle ne change pas grand-chose à la manière de construire la classification, elle en change le sens et clarifie l'objectif des systématiciens : *retracer cette histoire.* La systématique, et plus généralement la biologie, deviennent des sciences historiques. Darwin a cette formule qui sonne comme un programme de recherche pour l'avenir : « Toute classification vraie est donc généalogique » (*L'origine des espèces*). Le cœur des préoccupations des systématiciens n'est plus alors de seulement délimiter les groupes d'animaux, mais surtout de comprendre comment ils sont liés entre eux par l'évolution. En pratique, la recherche des homologies devient déterminante puisque ces homologies sont la marque d'un héritage, et donc d'une proximité dans la généalogie des espèces. À l'inverse, on comprend pourquoi les analogies (des ressemblances entre organes non homologues du fait d'une même fonction) sont trompeuses et ne doivent plus être considérées pour établir la classification : « En partant de ce principe, que les caractères n'ont d'importance réelle pour la classification qu'autant qu'ils révèlent les affinités généalogiques, on peut aisément comprendre pourquoi des caractères analogues

---

[4] Il faut dire qu'avant de publier *L'origine des espèces*, Darwin avait accumulé pendant vingt ans de très nombreuses observations provenant de toutes ces disciplines, qu'il a parfaitement mises en cohérence. Il a même, à l'avance, répondu aux objections qu'on pourrait opposer à sa théorie.

[…] peuvent n'avoir presque aucune valeur pour les systématistes. Des animaux appartenant à deux lignées d'ancêtres très distinctes peuvent, en effet, s'être adaptés à des conditions semblables, et avoir ainsi acquis une grande ressemblance extérieure ; mais ces ressemblances, loin de révéler leurs relations de parenté, tendent plutôt à les dissimuler. » (Darwin, *L'origine des espèces*)

2. Les premières classifications 'phylogénétiques'

La systématique animale a connu de grandes avancées dans la première moitié du XIXe siècle, sous l'influence majeure de Lamarck, Cuvier et Latreille. Elle en connaîtra d'autres tout aussi importantes dans la seconde moitié de ce siècle, tant en matière de délimitation de groupes taxinomiques que de leur intégration dans un cadre évolutif. Personne n'incarne mieux ce travail que l'embryologiste allemand Ernst Haeckel, qui en a été l'artisan essentiel.

2.1 Tous les groupes zoologiques classiques du XXe siècle sont en place

Avant Haeckel, la systématique animale avait déjà connu quelques évènements majeurs vers le milieu du XXe siècle :

(i) La division des reptiles en « amphibiens » et « reptiles », par Henri-Marie Ducrotay de Blainville (1816 puis 1822) et Blasius Merrem (1820).

(ii) La division des zoophytes en « échinodermes » et « cœlentérés » (actuels Spongiaires, Cnidaires et Cténophores), par Heinrich Frey et Rudolf Leuckart en 1847[5].

(iii) La sortie de la classe des infusoires de l'embranchement des zoophytes, pour former le nouvel embranchement des « protozoaires » ('animaux primaires', c'est-à-dire unicellulaires), par Karl von Siebold en 1848[6].

[5] Le terme 'cœlentérés' est ambigu car certains comme Leuckart y incluent les éponges (qu'il a secondairement rajoutées au groupe, qui à l'origine ne contenait que les actuels Cnidaires et Cténophores), quand d'autres zoologistes, à la même époque, les en excluent.

[6] Le terme 'protozoaires' a été proposé par Georg Goldfuss dès 1817 (peut-être même avant), pour désigner un groupe assez hétéroclite dont la composition sera précisée en 1820. C'est la définition de Siebold qui est restée, qui considérait les protozoaires comme des « animaux [dont l'] organisation simple [peut] être [réduite] à une cellule ». Les protozoaires de Siebold incluent les infusoires et d'autres organismes unicellulaires qu'il nomme « rhizopodes ».

(iv) La division assez unanime des articulés en « arthropodes »[7] et « vers » (actuels Annélides, Plathelminthes et Nématodes)[8].

(v) La sortie des myriapodes des insectes[9].

Dans les années 1850, le règne animal est ainsi composé de sept embranchements (figure 10).

FIGURE 10 | État de la systématique animale avant Haeckel (version simplifiée). En rouge les groupes qui ne portent pas encore ce nom mais qui y correspondent.

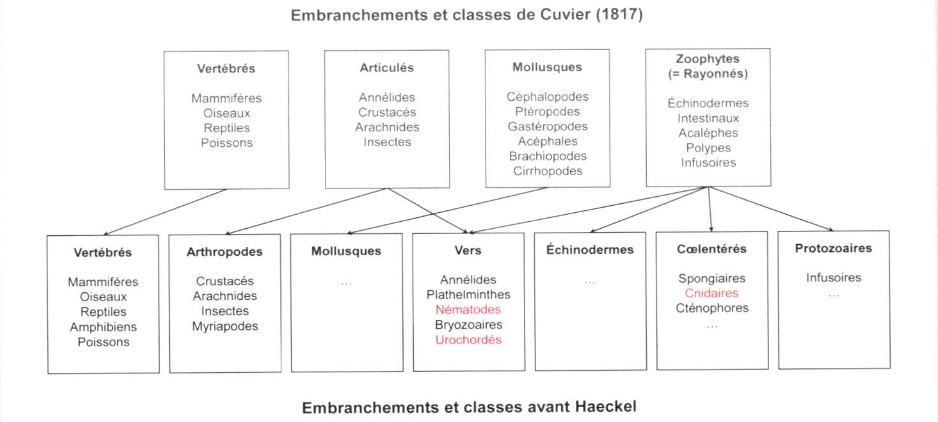

Haeckel ira plus loin, en proposant d'autres regroupements et subdivisions qui marqueront la systématique jusqu'aujourd'hui. En 1866, dans *Generelle Morphologie der Organismen* ('Morphologie générale des organismes'), il divise le monde vivant en trois règnes : les animaux, les plantes et les « protistes »[10]. Parmi les

7 Le terme 'arthropodes' est proposé par Siebold en 1848. Latreille avait déjà délimité un groupe aux contours quasiment identiques en 1802 – la seule différence notable avec Siebold étant que Latreille excluait les Cirripèdes de ce groupe –, désigné sous le nom de « condylopodes » qui n'a jamais été adopté.

8 On notera que la relation entre Arthropodes et Annélides ne fait clairement pas l'unanimité depuis Linné. Certains auteurs comme Linné et Cuvier rapprochent ces deux groupes, quand d'autres comme Lamarck les séparent. En fait, pendant encore longtemps les arthropodes et annélides seront considérés comme proches du fait de leur métamérie (segmentation) ; ce sont les phylogénies moléculaires qui montreront qu'il n'en est rien et que la métamérie est une convergence évolutive entre les deux groupes (cf. **Chapitre 6, section 3.2**).

9 Le terme 'myriapodes' a été proposé par Latreille en 1796, mais les animaux qu'il désigne étaient encore compris dans les insectes. On les en trouve séparés dans le *Prodrome d'une nouvelle distribution systématique du règne animal* de Blainville en 1816, mais Latreille attribue le mérite de cette séparation à un certain docteur Léach.

10 À l'origine, les protistes sont pour Haeckel une catégorie volontairement non naturelle, qui rassemble des organismes hétéroclites difficiles à classer, plus ou moins intermédiaires entre plantes et animaux, qui sont les « formes primitives » : bactéries, divers eucaryotes unicellulaires... et les éponges. Il reverra rapidement sa définition des protistes, ceux-ci étant désormais caractérisés par leur reproduction

animaux, il sépare en 1874 les protozoaires, qui ne mettent pas en place de feuillets embryonnaires pendant leur développement, des « métazoaires » ('animaux qui viennent après', sous-entendu 'après les protozoaires' ce qui signifie 'plus évolués que les protozoaires'), qui en ont. Parmi les métazoaires, il distingue les cœlentérés (qu'il préfère appeler zoophytes[11]), qui sont organisés selon une symétrie radiaire, des « bilatériens », qui sont organisés selon une symétrie bilatérale (1874). On s'apercevra immédiatement que ce découpage cœlentérés / bilatériens coïncide parfaitement avec le découpage « diploblastiques » / « triploblastiques » proposé par l'embryologiste anglais Edwin Ray Lankester en 1873, selon que l'embryon se développe à partir de deux ou trois feuillets embryonnaires (cœlentérés diploblastiques *vs.* bilatériens triploblastiques, respectivement). Parmi les bilatériens, Haeckel sépare ceux qui ne possèdent pas de « cœlome »[12], qu'il nomme « acœlomates », de ceux qui en ont un, qu'il nomme « cœlomates » (1874). Il réunit les vertébrés et les tuniciers (aujourd'hui plutôt appelés Urochordés[13]) dans les « chordés » car ils possèdent une chorde (1874)[14]. Il divise les vertébrés en « acraniens » (actuels Céphalochordés) et « craniates » (1866)[15] car seuls les seconds possèdent un crâne. Au sein des craniates, il sépare en 1866 les cyclostomes[16], qui ne possèdent pas de mâchoires articulées, de ceux qui en possèdent et que Carl Gegenbaur appellera « gnathostomes » en 1874. Enfin, Haeckel sépare les futurs gnathostomes selon qu'ils possèdent un amnios ou non[17], ce qui donne d'un côté les « anamniens » et de l'autre les « amniotes » (1866).

En quelques années, Haeckel a fait un travail phénoménal à la fois de synthèse des résultats d'autres auteurs et de délimitation de nouveaux groupes taxinomiques. Grâce à lui, quasiment tous les groupes de la zoologie classique du XXe siècle sont en place à la fin du XIXe siècle. Il ne manque qu'une dichotomie majeure, que l'Autrichien Karl Grobben introduira en 1908 : la distinction entre

---

strictement asexuée (à cette occasion, les champignons et les cyanobactéries sont déplacés des plantes vers les protistes). Dès 1868 Haeckel rectifie son erreur sur les éponges, et les réintègre aux animaux.

[11] Le terme 'zoophytes' est à géométrie variable selon les auteurs et les époques. Il est plus restreint chez Haeckel (où il est synonyme de 'cœlentérés') que chez Cuvier par exemple (figure 10).

[12] [Définition] Un terme qu'Haeckel a lui-même proposé pour désigner une cavité corporelle qui se développe secondairement au cours de l'embryogenèse, après le blastocœle. Un cœlome est une cavité (ou un ensemble de cavités) creusée dans le mésoderme et tapissée uniquement de mésoderme. À ne pas confondre avec un pseudocœlome (cavité dérivée du blastocœle et tapissée à la fois de mésoderme et d'endoderme) ou un hémocœle (cavité issue de la fusion du cœlome et du blastocœle).

[13] Le terme 'tuniciers' date de 1816 (Lamarck), alors que 'urochordés' est plus tardif (Lankester 1877).

[14] Le nom latin d'origine est *Chordonia*, avant qu'Haeckel n'introduise le synonyme *Chordata* en 1896, que l'histoire retiendra.

[15] À l'origine Haeckel utilise le terme 'craniotes', avant que Lankester n'introduise le synonyme 'craniates' en 1877, qui lui sera préféré. Le nom du taxon dérivant du latin (*craniota* puis *craniata*) et non du français 'crâne', il s'écrit sans accent circonflexe.

[16] Groupe défini par Duméril en 1806, qui comprend les myxines et les lamproies.

[17] [Définition] L'amnios est une poche remplie de liquide dans laquelle se développe l'embryon et qui permet un développement hors du milieu aquatique.

les cœlomates « protostomiens » (annélides, plathelminthes, nématodes, arthropodes, mollusques, bryozoaires, brachiopodes et quelques autres) et les cœlomates « deutérostomiens » (échinodermes, chordés et quelques autres), selon que le blastopore embryonnaire donne à la fois la bouche et l'anus (protostomiens) ou seulement l'anus (deutérostomiens)[18].

2.2 Les classifications deviennent 'phylogénétiques'

Haeckel est un fervent admirateur de Darwin. Il est sans conteste l'un de ceux qui ont le plus contribué à diffuser le 'darwinisme'[19], particulièrement dans les pays germanophones. Profondément marqué par la 'théorie de la descendance', il est le premier zoologiste à franchir le pas des classifications 'généalogiques', sept ans seulement après la publication de *L'origine des espèces*.

Dans *Generelle Morphologie der Organismen* (1866), Haeckel pose les bases d'un vocabulaire toujours employé aujourd'hui, même si *le sens de certains mots a changé depuis* (cf. **Chapitre 5, section 4**). Il propose le terme « phylogénie » (ou « phylogenèse ») pour désigner l'« histoire du développement des espèces ». Dans le sens initial donné par Haeckel, la phylogénie comprend à la fois la généalogie et la paléontologie. Haeckel introduit également les termes « monophylétique » et « polyphylétique », pas clairement définis mais qui correspondent à un ensemble d'espèces reliées par un ancêtre commun (groupe monophylétique) ou non (groupe polyphylétique). Il propose aussi les premiers « arbres phylogénétiques » du vivant – c'est-à-dire des arbres qui établissent des relations de descendance entre groupes taxinomiques –, que ce soit pour l'ensemble des organismes vivants (figure 11) ou pour certains groupes particuliers (plantes, cœlentérés, échinodermes, articulés, mollusques, vertébrés et mammifères). Ces arbres ont la particularité d'être représentés littéralement comme des arbres. Haeckel publiera de nombreux arbres phylogénétiques tout au long de sa carrière, à mesure que les connaissances et ses opinions s'affirment : dans *Natürliche Schöpfungsgeschichte* ('Histoire naturelle de la création', 13 éditions entre 1868 et 1923), dans *Anthropogenie* ('Anthropogénie', six éditions entre 1874 et 1910) et dans sa dernière synthèse au titre évocateur, *Systematische Phylogenie* ('Phylogénie systématique', trois volumes entre 1894 et 1896) (figure 11). Les représentations

---

[18] [Définition] Le blastopore est le premier orifice à se former lors du développement embryonnaire. Il correspond à l'ouverture sur l'extérieur de l'archentéron (ou 'intestin primitif'), qui donnera notamment l'appareil digestif.

[19] Le mot 'darwinisme' a été proposé pour la première fois très probablement par Thomas Henry Huxley en 1860. Son sens a d'abord beaucoup varié selon les auteurs, avant qu'il ne se stabilise à peu près sous l'influence de… Wallace, qui l'a donné comme titre à son grand livre de défense de la théorie de la sélection naturelle (*Darwinism: An exposition of the theory of natural selection with some of its applications*, 1889).

d'Haeckel deviendront classiques et seront reprises par de multiples auteurs (figure 11). Haeckel ira même plus loin, en introduisant les données paléontologiques dans les arbres ; ce qui donne véritablement lieu à de la 'phylogénie' au sens où il l'entend, car sont alors combinées les relations de descendance (la généalogie) et la temporalité des fossiles (la paléontologie) (figure 12). Par contraste, les arbres de la figure 11 ne sont 'que' généalogiques. On notera cependant que dès 1866, l'année où Haeckel propose ses premiers arbres phylogénétiques reliant des groupes taxinomiques actuels, le Français Albert Gaudry et l'Allemand Franz Hilgendorf avaient été les premiers paléontologues à proposer des généalogies reliant des espèces fossiles entre elles et à des espèces actuelles (figure 12).

FIGURE 11 Exemples d'arbres 'phylogénétiques' de la fin du XIXe siècle et du début du XXe siècle. Sur cette page : les trois règnes du vivant selon Haeckel en 1866 (extrait de *Generelle Morphologie der Organismen*). Les éponges (*Spongiae*) sont ici incluses dans les protistes. Suite page suivante.

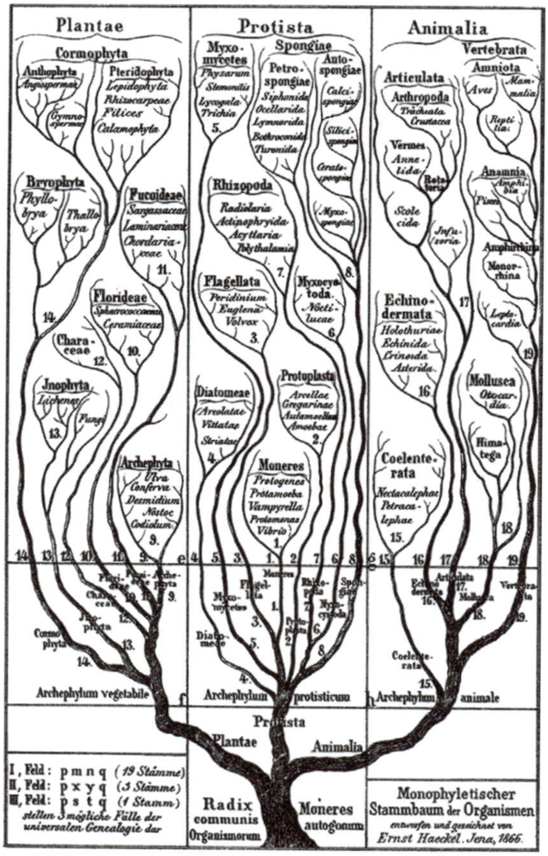

(Suite) Haut gauche : généalogie générale des animaux selon Haeckel en 1877. Haut droite : généalogie des chordés selon Haeckel en 1877. Les *Amphirhina* correspondent aux actuels Gnathostomes, et tous les *Amphirhina* hors *Amniota* sont des *Anamnia*. Bas : généalogie générale des animaux selon Grobben en 1908.

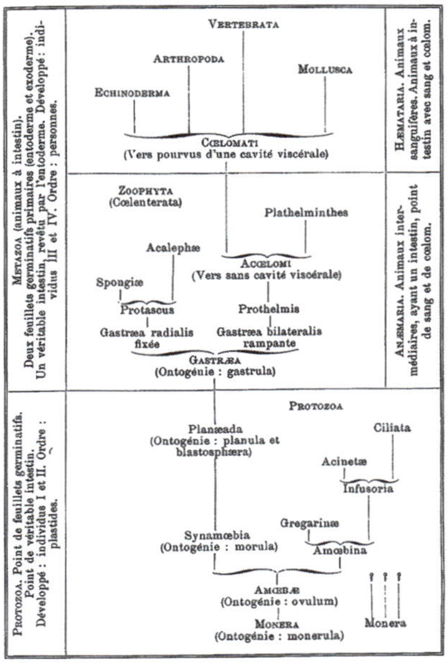

Haeckel, *Anthropogenie* (traduction française de la 2e édition, 1877)

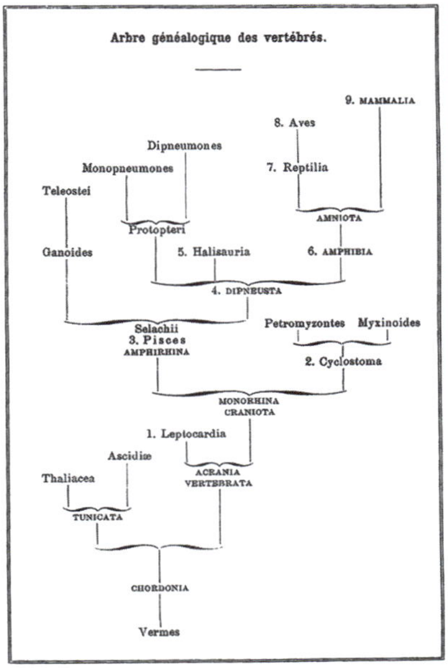

Haeckel, *Anthropogenie* (traduction française de la 2e édition, 1877)

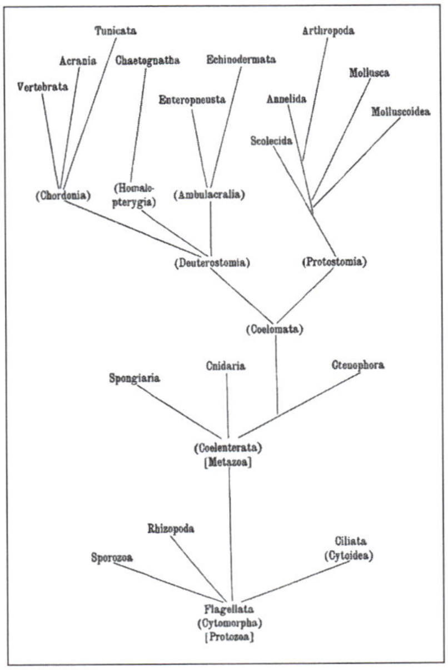

Grobben, *Die systematische Einteilung des Tierreiches* (1908)

FIGURE 12 | Premiers arbres 'phylogénétiques' ancrés dans le temps. Sur cette page : phylogénie générale des animaux selon Haeckel en 1874 (extrait de la 5e édition de *Natürliche Schöpfungsgeschichte*). Suite page suivante.

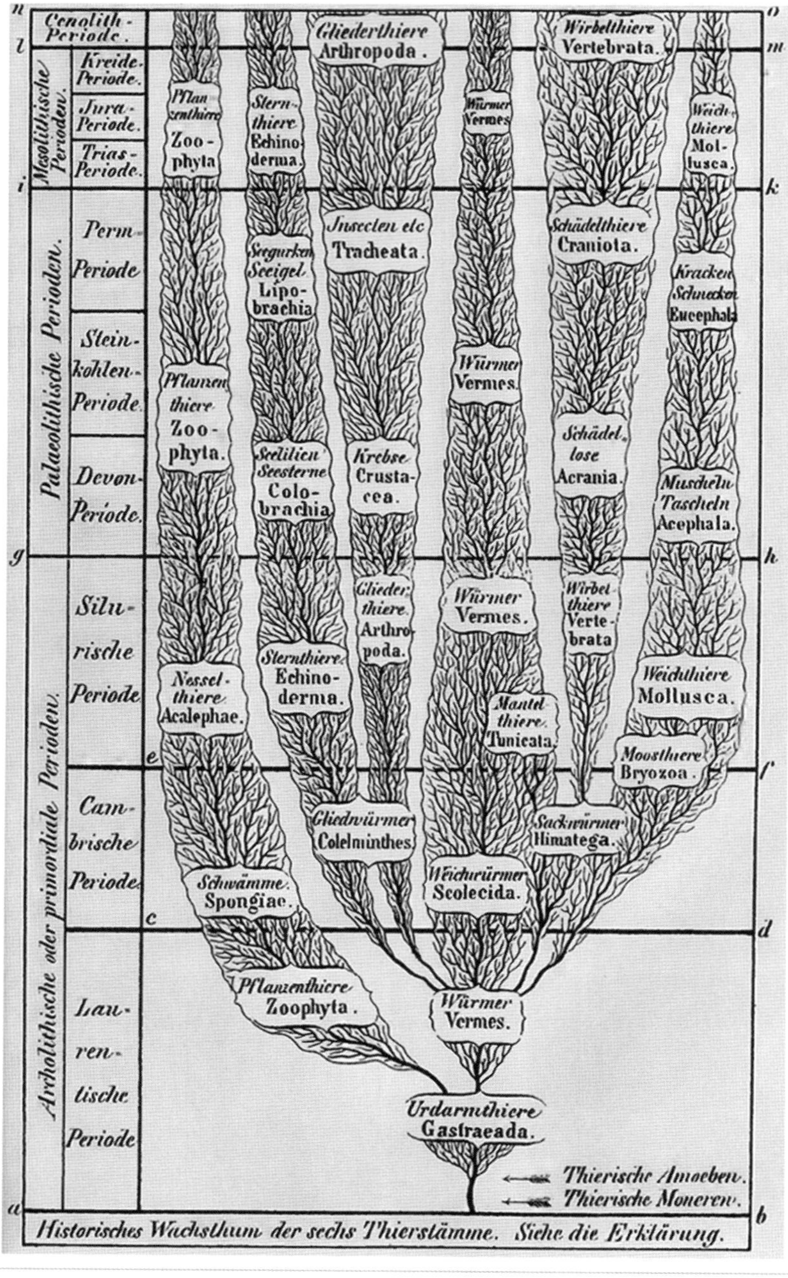

(Suite) Haut : phylogénie des Équidés selon Gaudry en 1866 (extrait de *Considérations générales sur les animaux fossiles de Pikermi*) ; *Equus caballus* (cheval) et *Equus asinus* (âne) sont des espèces actuelles, toutes les autres sont fossiles. Bas : phylogénie de planorbes (Mollusques Gastéropodes d'eau douce) fossiles selon Hilgendorf en 1866[20].

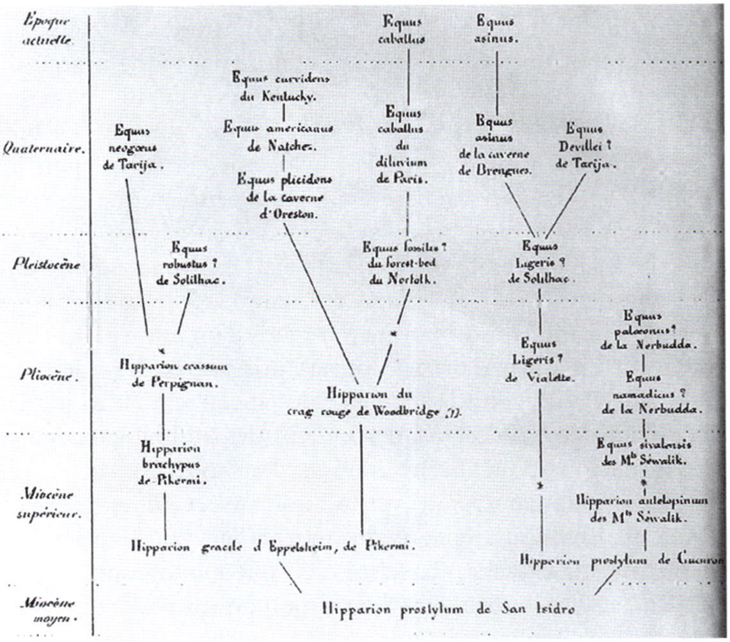

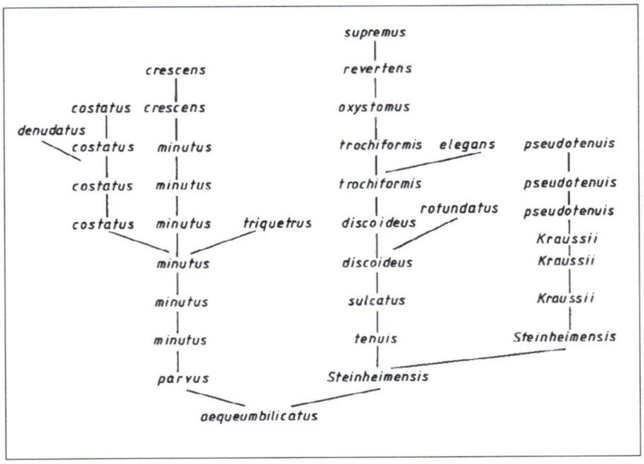

20 Hilgendorf avait déjà établi une phylogénie dans sa thèse de 1863, qu'il n'a jamais publiée. Selon ses écrits, il a considéré les morphes de planorbes comme des espèces ou des sous-espèces (sous-espèces de *Planorbis multiformis* dans la publication de 1866 présentée ici).

Même si la paléontologie, et plus encore l'anatomie comparée, sont importantes pour établir ses généalogies, Haeckel s'appuie de façon déterminante sur l'embryologie. En effet, il énonce dans *Generelle Morphologie der Organismen* ce qu'il appelle la « loi biogénétique fondamentale », qui établit un lien très fort entre phylogénie et « ontogénie »[21]. Cette loi dit : « La série des formes par lesquelles passe l'organisme individuel, à partir de la cellule primordiale[22] jusqu'à son plein développement, n'est qu'une répétition en miniature de la longue série de transformations subies par les ancêtres du même organisme, depuis les temps les plus reculés jusqu'à nos jours. » Haeckel résume sa loi avec la célèbre formule : « l'ontogénie est une récapitulation de la phylogénie »[23]. Allant plus loin encore, il ajoutera en 1874 : « La phylogenèse est la cause mécanique de l'ontogenèse. » Dit autrement, plus on se place à un stade précoce du développement embryonnaire d'une espèce, plus l'embryon ressemble à la forme adulte d'un ancêtre lointain. On comprend dès lors l'usage que fait Haeckel de l'embryologie : en observant les modifications morpho-anatomiques d'un embryon au cours de son développement, et en comparant les formes prises avec les adultes des autres groupes d'animaux, il en déduit la séquence des ancêtres[24]. Ainsi par exemple, les oiseaux descendent des reptiles, qui descendent des amphibiens, qui descendent eux-mêmes des poissons, d'un ancêtre craniate, d'un ancêtre acranien, d'un ancêtre chordé, d'un ver cœlomate, d'un ver acœlomate et d'un ancêtre bilatérien (figure 11). On peut remonter encore plus loin, ce que fait Haeckel lorsqu'il propose sa « théorie de la gastraea », ébauchée dans une monographie sur les éponges calcaires en 1872 et développée dans un mémoire qui y est dédié en 1874. Dans cette théorie Haeckel établit un lien entre les tout premiers stades du développement embryonnaire et les premiers ancêtres des animaux. Tous les métazoaires descendraient ainsi d'un ancêtre qu'il appelle « gastraea », correspondant à un stade du développement embryonnaire qu'il nomme « gastrula ». Quatre ancêtres protozoaires précèdent la gastraea, dont la « blastaea » (stade « blastula ») et la « moraea » (stade « morula »). L'ancêtre ultime de tous les animaux, et même de tous les êtres vivants, est la « monère », qui apparaît par génération spontanée (figure 11).

À y regarder de près, les généalogies d'Haeckel (figure 11) ressemblent fort à celles de Lamarck. Elles ont un caractère assez linéaire, avec quelques bifurcations, qu'on trouvait exactement chez Lamarck (cf. **Chapitre 3, section 2.1** figure 7) tandis que

---

[21] Terme qu'Haeckel définit dans ce même ouvrage comme étant l'« histoire du développement des individus », c'est-à-dire du développement embryonnaire. 'Ontogénie' est synonyme de 'ontogenèse'.

[22] La cellule-œuf.

[23] Par suite de cette formulation, la loi biogénétique fondamentale est aussi appelée 'théorie de la récapitulation'.

[24] Suite à de nombreuses critiques, Haeckel relativisera sa loi en précisant que la séquence des ancêtres est altérée dans le développement embryonnaire car certains stades ont disparu. L'ontogénie n'est donc qu'une récapitulation « sommaire » de la phylogénie, et l'établissement des phylogénies s'en trouve ainsi plus difficile qu'il n'y paraît.

Darwin proposait une vision beaucoup plus buissonnante (cf. **Chapitre 4, section 1** figure 9). Mais ce qui nous apparaît aujourd'hui comme une différence fondamentale entre les visions lamarckienne et darwinienne de la descendance, n'était pas perçu comme tel à l'époque[25]. Comme de nombreux autres auteurs, Haeckel voit en Darwin un continuateur de Lamarck qui partageait la même idée de la descendance que son prédécesseur. Haeckel dit ainsi : « Le vrai fondateur de la théorie de la transformation est donc Lamarck, et c'est bien injustement que Darwin en est cité [...] comme le premier auteur » (*Anthropogenie*, 1877). L'apport de Darwin à la théorie de la descendance a été « de la vulgariser et de l'étayer par des preuves nouvelles » (*Anthropogenie*, 1877). Plus largement, le grand mérite de Darwin selon Haeckel a été de correctement identifier le mécanisme de l'évolution : la sélection naturelle. Rien d'étonnant, donc, à ce qu'on retrouve chez Haeckel l'idée phare qu'on trouvait chez Lamarck : l'évolution (et donc la phylogénie) consiste en une 'progression' depuis des êtres 'inférieurs', 'imparfaits', vers des êtres 'supérieurs' de plus en plus 'parfaits' (cf. **Chapitre 3, sections 1** et **4**). Ainsi : « Si les divers groupes d'animaux et de plantes descendent réellement les uns des autres, la conséquence nécessaire d'un tel fait est précisément une graduelle augmentation de nombre et de perfection » (*Anthropogenie*, 1877). Cette idée d'une systématique marquée par le progrès et par une hiérarchie allant des formes les plus inférieures jusqu'aux formes les plus supérieures est transparente lorsqu'Haeckel représente « l'arbre généalogique de l'homme » (figure 13). Elle sera confortée par l'introduction en 1877, par Lankester, du concept de « grade ». Un *grade* est défini comme un niveau d'organisation. C'est un concept morpho-anatomique (il reflète l'organisation des espèces qui le composent), auquel s'ajoute une échelle de valeur. Lankester l'utilise pour séparer, au sein d'un groupe taxinomique donné, les espèces d'un grade « plus élevé » de celles d'un grade « moins élevé ». Ainsi, au sein des animaux, il définit le grade inférieur des protozoaires et le grade supérieur des métazoaires. Parmi ces derniers, le grade inférieur des diploblastiques (cœlentérés) et le grade supérieur des triploblastiques (bilatériens). Parmi les craniates, le grade inférieur des cyclostomes et le grade supérieur des gnathostomes. Parmi ces derniers, le grade inférieur des poissons et dipneustes, le grade intermédiaire des amphibiens et le grade supérieur des reptiles, oiseaux et mammifères. Et ainsi de suite. On note deux choses à propos des grades : (i) le grade supérieur est toujours défini positivement – les animaux qui en font partie possèdent quelque chose qui leur est propre : le troisième feuillet embryonnaire pour les bilatériens, les mâchoires articulées pour les gnathostomes, l'adaptation à la vie terrestre pour les reptiles/oiseaux/mammifères, etc. – tandis que le grade inférieur est défini

[25] La confusion entre Lamarck et Darwin est partiellement due au fait que Darwin n'a pas proposé de phylogénie particulière – seulement le diagramme théorique de *L'origine des espèces* (cf. **Chapitre 4, section 1** figure 9) – et qu'il ne s'est pas exprimé clairement sur les arbres qu'Haeckel publiait (Darwin est mort en 1882, et a donc forcément vu les premiers arbres publiés par Haeckel).

négativement – ce sont les animaux qui, simplement, n'ont pas le caractère propre au grade supérieur –; (ii) le grade supérieur est toujours celui qui contient l'Homme. Car en fait, c'est l'Homme qui définit les grades supérieurs. Même si l'échelle des êtres est rejetée de tous à la fin du XIXe siècle, la vision hiérarchique (et anthropocentrée) du vivant, héritée d'Aristote, imprègne toujours autant les sciences naturelles.

FIGURE 13 Généalogie de l'Homme selon Haeckel (extrait de la traduction française de la 2e édition de *Anthropogenie,* 1877). La hauteur sur l'arbre indique clairement le 'degré de perfection'.

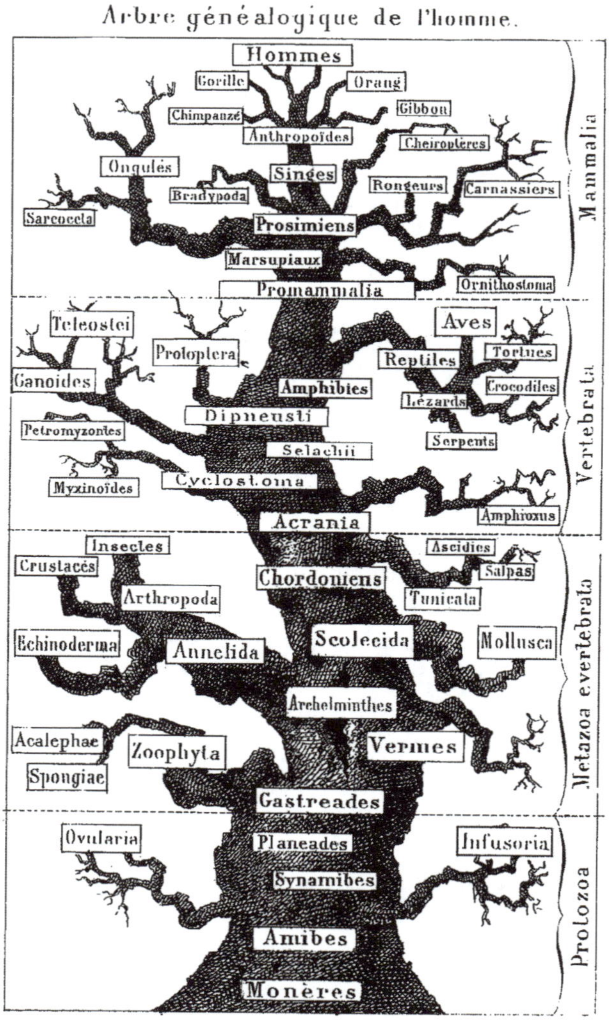

ENCADRÉ 4 | Aux origines de la loi biogénétique fondamentale

L'idée novatrice d'Haeckel n'est pas que les stades successifs du développement embryonnaire rappellent la 'série' des animaux adultes. Le premier à avoir relevé un tel 'parallélisme' est l'Allemand Karl Friedrich von Kielmeyer, en 1793 : « La division des formes dans la série des organismes à l'intérieur d'un même ordre, s'effectue comme la division dans les différents stades de développement de ses individus » (*Über die Verhältnisse der organischen Kräfte unter einander in der Reihe der verschiedenen Organisationen*, 'Sur les rapports des forces organiques entre elles dans la série des êtres organisés'). L'idée a ensuite été développée par l'Allemand Johann Friedrich Meckel en 1811 et par le Français Étienne Serres en 1824 (sous l'influence de son ami Geoffroy), ce qui donnera ce qu'on appelle la 'loi de Meckel-Serres'. Cette loi est directement influencée par l'échelle des êtres, en ce sens qu'il n'y a qu'une seule série des animaux (le développement reproduit successivement les formes des groupes taxinomiques inférieurs sur l'échelle[26]).

La loi de Meckel-Serres établit le parallélisme, mais ne dit rien sur son origine. C'est là l'apport majeur d'Haeckel, qui, suite à la lecture de *L'origine des espèces*, propose que ce soit l'histoire évolutive (la phylogenèse) qui explique ce parallélisme : les stades embryonnaires ressemblent aux animaux 'inférieurs' car ces animaux 'inférieurs' *sont les ancêtres* des animaux 'supérieurs'. L'intuition de cette relation entre histoire évolutive et parallélisme des formes avait déjà été exprimée par l'Allemand Fritz Müller en 1864 (dans son unique ouvrage *Für Darwin*, 'Pour Darwin'), mais pas aussi clairement.

La loi de Meckel-Serres, et plus encore la loi biogénétique fondamentale d'Haeckel, n'ont rien à voir avec la loi de von Baer (cf. **Chapitre 3, section 2.3**). Baer combattra d'ailleurs fortement l'idée du parallélisme, sur la base de trois arguments : (i) un embryon ne peut ressembler qu'à un embryon et pas à un adulte ; (ii) il n'y a rien de commun entre les embryons d'embranchements différents au-delà de la cellule-œuf ; (iii) au sein d'un même embranchement, les stades embryonnaires de différentes espèces divergent progressivement (plus ou moins tardivement selon que les espèces sont proches dans la classification). Une espèce 'supérieure' ne reproduit donc certainement pas la forme adulte d'une espèce 'inférieure' : si elles appartiennent au même embranchement, leurs embryons se ressemblent jusqu'à un certain point, puis ils divergent ; si elles sont d'embranchements différents, leurs embryons ne se ressemblent pas du tout.

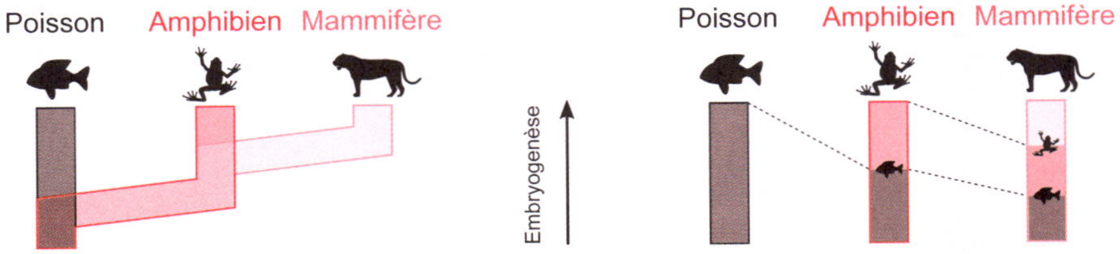

Loi de von Baer **Loi biogénétique fondamentale**

[26] Il ne faut cependant pas caricaturer le propos de Meckel et Serres. Ils ne soutiennent pas forcément qu'un embryon ressemble tout entier à un adulte d'un groupe taxinomique 'inférieur', mais que la ressemblance s'exprime dans un ou plusieurs systèmes d'organes.

On notera que les opinions des différents auteurs sur le parallélisme n'entraînent rien en elles-mêmes sur l'évolution. Parmi les partisans du parallélisme, Haeckel et Müller sont en faveur de l'idée d'évolution des espèces tandis que Serres y est opposé (Geoffroy est quelque part entre les deux). Le Suisse Louis Agassiz, qui en 1859 avait, dans une certaine mesure assez limitée, établi un 'triple parallélisme' entre ontogénie, série animale et ordre d'apparition dans le registre fossile (les 'inférieurs' apparaissant avant les 'supérieurs'), était également contre toute idée d'évolution.

Chapitre 5

Parenté et similarité

De la fin de la Renaissance jusqu'au début des années 1860, les classifications ont été construites sur la seule base de la similarité morpho-anatomique (que celle-ci fût globale ou que l'accent fût mis sur certains caractères particuliers). Avec la révolution due à Darwin et Wallace, un autre critère apparaît : la généalogie, c'est-à-dire les relations de parenté entre espèces dues à leur ascendance commune. Se pose donc une question : faut-il établir les classifications sur la seule base de la similarité, sur la seule base de la parenté, ou en considérant à la fois la similarité et la parenté ? Cette interrogation est loin d'être anodine. Elle constituera même le cœur de l'affrontement assez féroce qui déchirera la communauté des systématiciens pendant une bonne partie du XXe siècle. Trois écoles vont successivement voir le jour, qui tiennent compte différemment de la similarité et de la parenté : la *systématique évolutionniste*, la *phénétique numérique* et la *cladistique*.

1. La systématique évolutionniste

La systématique évolutionniste (dite aussi 'biologique', 'classique', 'traditionnelle' ou 'éclectique') est pour ainsi dire la seule école qui a existé pendant la première moitié du XXe siècle. Ses plus éminents représentants sont l'Allemand Ernst Mayr, l'Américain George Gaylord Simpson et l'Anglais Julian Huxley[1], tous trois considérés parmi les fondateurs de la théorie synthétique de l'évolution[2]. Les partisans de cette école de la systématique prennent en

[1] Petit-fils de Thomas Henry Huxley (et par ailleurs frère d'Aldous Huxley, l'auteur du roman *Le meilleur des mondes*, et demi-frère du prix Nobel de physiologie ou médecine Andrew Huxley).

[2] La théorie synthétique de l'évolution est une synthèse, réalisée entre 1937 et 1950, de la génétique, l'anatomie, la biogéographie, la paléontologie et la systématique dans une théorie évolutive unifiée. Avec

compte *à la fois la similarité et la parenté*. Ernst Mayr le dit clairement : « Une classification biologique est le regroupement ordonné d'organismes selon leurs similarités, et cohérent avec l'induction de leur généalogie » (*Dictionnaire du darwinisme et de l'évolution*, 1996). En clair, un groupe valide en classification évolutionniste doit être à la fois monophylétique, c'est-à-dire que ses membres doivent descendre d'un ancêtre commun direct (critère généalogique), et homogène sur le plan morpho-anatomique (critère de similarité).

Pour les tenants de la systématique évolutionniste, la phylogénie consiste en deux processus : la séparation de lignées évolutives à partir d'un ancêtre commun, et l'évolution divergente de ces lignées après leur séparation. Le premier processus est appelé 'cladogenèse' et correspond à la stricte généalogie, c'est-à-dire à la formation de ce qu'on appelle aujourd'hui des 'groupes frères'. La cladogenèse est à l'origine des groupes monophylétiques ou 'clades'. Le second processus est appelé 'anagenèse'[3] et correspond à une différenciation morpho-anatomique ou écologique croissante entre groupes frères récemment séparés de leur ancêtre commun, c'est-à-dire à la mise en place d'une dissimilarité entre ces groupes frères. L'anagenèse est vue comme un progrès, à savoir un perfectionnement de la structure ou du fonctionnement de l'organisme, ou une adaptation à une nouvelle niche écologique. Elle est à l'origine de groupes qui, pour les systématiciens évolutionnistes, ont atteint un 'niveau de progrès' plus ou moins important. Simpson parle de « zones adaptatives » plus ou moins élevées (*Principles of animal taxonomy*, 1961). Ces groupes plus ou moins hauts sur l'échelle du progrès sont les grades de Lankester (cf. **Chapitre 4**, **section 2.2**), redéfinis dans une perspective évolutive empreinte de sélection naturelle. Clades et grades sont des notions qui se chevauchent partiellement, car « la cladogenèse implique toujours un certain degré de perfectionnement (anagenèse) » (Huxley, 1957), mais ce sont bien des concepts différents (figure 14)[4].

Mayr, Simpson et Huxley, les autres 'pères' de cette théorie synthétique sont le Russe Theodosius Dobzhansky et l'Américain George Ledyard Stebbins, auxquels on ajoute parfois l'Allemand Bernhard Rensch.

3 Les termes 'cladogenèse' et 'anagenèse' ont été proposés par Rensch en 1954 dans *Neuere Probleme der Abstammungslehre* ('Problèmes récents de la théorie de la descendance').

4 Une des différences entre clade et grade est que contrairement à un clade, un grade n'a pas forcément à être monophylétique (même si la plupart le sont). Les protozoaires par exemple, qui constituent clairement un groupe polyphylétique, sont considérés par les systématiciens évolutionnistes comme un grade car ils montrent un même 'degré de perfectionnement' (en l'occurrence le plus bas de tous les animaux).

FIGURE 14 La phylogénie selon l'école de la systématique évolutionniste: cladogenèse + anagenèse. Gauche: schéma théorique. Droite: exemple chez les craniates adapté d'un article d'Huxley de 1957. Les agnathes, placodermes, ostéichthyens, amphibiens, reptiles, oiseaux et mammifères sont des clades (tous les membres de ces groupes ont un ancêtre commun direct). La plupart de ces groupes constituent également des grades distincts, car ils ont atteint un 'degré de perfectionnement' plus ou moins élevé. Mais les oiseaux et les mammifères, qui sont bien deux clades différents, appartiennent au même grade: les homéothermes (animaux qui maintiennent leur température interne constante). Les homéothermes sont vus comme le plus haut degré de perfectionnement. Ils sont donc supérieurs aux reptiles, eux-mêmes supérieurs aux amphibiens et ainsi de suite.

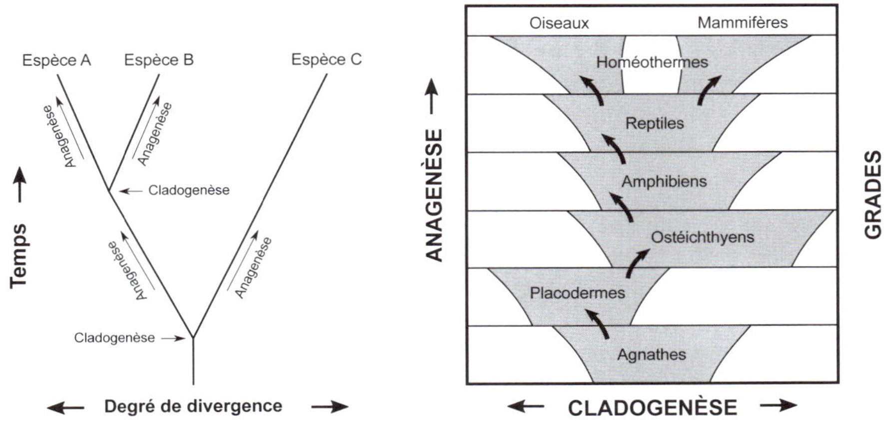

Même si les partisans de la systématique évolutionniste se réclament avant tout de Darwin, ils sont, en pratique, les héritiers directs d'Haeckel. En effet, ils reprennent les marqueurs importants des classifications haeckeliennes:

(i) La généalogie est un critère essentiel pour établir la classification (les groupes polyphylétiques sont exclus car seuls les groupes monophylétiques sont naturels), mais la similarité en est un autre (seuls les groupes homogènes sur le plan morpho-anatomique sont naturels).

(ii) L'évolution consiste en un 'progrès' qui se traduit par une augmentation du 'degré de perfectionnement'[5]. Il y a donc indiscutablement une hiérarchie

[5] Contrairement à l'idée générale qui a prévalu jusqu'au XIXe siècle, les systématiciens évolutionnistes n'assimilent pas complètement le 'degré de perfectionnement' à la complexité morpho-anatomique – même si, dans l'ensemble, les organismes les plus perfectionnés sont les plus complexes – car «beaucoup d'organismes évidemment inférieurs sont d'une complexité remarquable» (Huxley, *Evolution: the modern synthesis* ['Évolution: la synthèse moderne'], 1942). Huxley définit en 1942 le progrès comme étant un meilleur contrôle de son environnement et/ou une meilleure indépendance vis-à-vis des fluctuations des conditions environnementales (*Evolution: the modern synthesis*). Les systématiciens évolutionnistes ne soutiennent pas pour autant qu'il n'y a qu'une seule direction dans le progrès; celui-ci peut, concrètement, emprunter de multiples voies.

du vivant, avec des espèces ou des groupes taxinomiques 'inférieurs' à d'autres qui leur sont 'supérieurs'. C'est ce que traduit la notion de grades. Pour cette raison, on dit des systématiciens évolutionnistes qu'ils sont 'gradistes', et on appelle parfois leur école le 'gradisme'.

(iii) Les fossiles jouent un rôle majeur dans la construction des phylogénies. Celles-ci sont donc très souvent ancrées dans les temps géologiques (figure 15). Et puisque les groupes taxinomiques sont directement connectés par des relations de descendance sur les arbres phylogénétiques, on peut placer des fossiles comme les ancêtres de groupes actuels (à la manière de Gaudry, cf. **Chapitre 4, section 2.2** figure 12). C'est ce qui conduit notamment à la notion de 'chaînon manquant', quand un fossile présente une morphologie intermédiaire entre deux groupes dont l'un descend de l'autre (l'exemple le plus connu étant *Archaeopteryx*, découvert en 1861 et interprété comme le 'chaînon manquant' entre les reptiles et les oiseaux, figure 15).

(iv) La hiérarchie linnéenne des rangs taxinomiques (cf. **Chapitre 3, section 2.2**) est utilisée de manière traditionnelle. Ainsi par exemple, les cnidaires, les annélides et les vertébrés sont des embranchements, les céphalopodes, les insectes et les reptiles sont des classes, etc.

FIGURE 15 Gauche : phylogénie des vertébrés selon Haeckel en 1910 (extrait de la traduction anglaise de la 5e édition de *Anthropogenie*). Droite : phylogénie des vertébrés dans la représentation typique de l'école de systématique évolutionniste, avec en rouge *Archaeopteryx*, le 'chaînon manquant' entre les reptiles et les oiseaux.

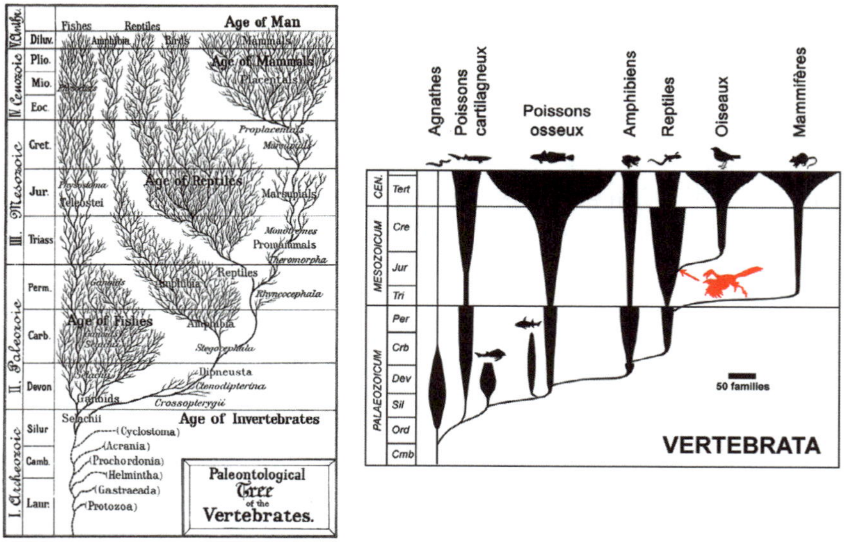

Arbre de droite modifié d'après Petter Bøckman, lui-même d'après Michael Benton 1998

Reste à savoir comment les systématiciens évolutionnistes procèdent pour construire leurs classifications. Pour ce qui est de la similarité, celle-ci repose sur les concepts de plan d'organisation et d'homologie hérités de Cuvier et Geoffroy (cf. **Chapitre 3**, **section 2.2**). Les membres d'un même groupe taxinomique doivent avoir une organisation homogène. C'est en fait déjà la manière de travailler depuis plus d'un siècle, ce qui explique pourquoi, dans les grandes lignes, la plupart des groupes taxinomiques de la fin du XIXe siècle sont conservés par la systématique évolutionniste. Pour ce qui est de la généalogie, il n'y a pas de méthode formalisée. À partir des données paléontologiques et des affinités morpho-anatomiques entre groupes taxinomiques, les relations de descendance entre ces groupes sont induites. La systématique évolutionniste est donc marquée par une certaine subjectivité, d'ailleurs assumée et revendiquée. L'établissement des classifications repose pour partie sur l'expertise du systématicien, qui estime sans méthode bien définie où commence et où s'arrête un groupe taxinomique, à quel rang il doit être placé (classe, famille, ordre, etc.)[6] et de quelle manière il s'insère dans la généalogie des animaux. On est là dans une logique de 'système d'auteur': chaque auteur peut proposer sa classification, et c'est l'expertise reconnue d'un auteur (son autorité dans la discipline) qui fait qu'on accepte, en bloc, le système qu'il propose.

2. La phénétique numérique

2.1 Principes de la phénétique numérique

L'école de la phénétique numérique a été fondée par l'Anglais Peter Sneath et l'Austro-américain Robert Sokal, dans un article de 1962 et surtout dans leur ouvrage de 1963 *Principles of numerical taxonomy* ('Principes de taxinomie numérique', réédité en 1973 sous le titre *Numerical taxonomy*). C'est une école de phénétique car pour ses partisans une classification doit être *seulement basée sur la similarité globale* entre organismes[7]. L'existence de relations de parenté n'est pas niée pour autant (les phénéticiens ne rejettent absolument pas la réalité des

[6] D'après Mayr, « le rang d'un taxon est déterminé par des critères comme le degré de différence, l'unicité de la zone adaptative qui est occupée, ou l'ampleur de la radiation adaptative au sein du taxon. » (1974) Mayr admet que « La détermination du rang est l'une des décisions les plus problématiques et arbitraires dans le processus de la classification. » (1982)

[7] La racine grecque du mot 'phénétique' est la même que pour 'phénotype' et signifie 'ce qui est observable'. Le terme 'phénétique' a été proposé par les Anglais Arthur Cain et Geoffrey Ainsworth Harrison en 1960, d'après une suggestion d'un certain HK Pusey.

relations de descendance, cf. **Chapitre 6, section 1**), mais celles-ci n'ont pas à intervenir dans l'établissement des classifications, pour deux raisons essentielles : d'une part car les phénéticiens considèrent que le seul but d'une classification est de former des groupes homogènes, et d'autre part car ils voient la reconstruction phylogénétique telle qu'elle est pratiquée au début des années 1960 comme un exercice beaucoup trop spéculatif. En un mot, la phénétique est une systématique débarrassée de la phylogénie. Pour se différencier de la systématique évolutionniste, dont c'est l'un des marqueurs, les phénéticiens n'utilisent pas les rangs de la hiérarchie linnéenne dans leurs classifications. Non pas qu'ils soient contre par principe, mais parce que cela entretiendrait une certaine confusion avec les classifications des systématiciens évolutionnistes.

Les phénéticiens partent du principe que la similarité globale entre organismes doit être appréhendée en utilisant un maximum de caractères différents (morpho-anatomiques, biochimiques, comportementaux, écologiques, etc.), et que ceux-ci doivent tous contribuer de manière égale à la similarité globale[8,9]. La particularité de la phénétique 'numérique' est que cette similarité globale n'est pas estimée par intuition, mais par un traitement statistique[10]. Cette école pouvait donc difficilement se développer avant les années 1950-60, car les progrès de l'informatique étaient une condition nécessaire à son émergence[11]. Concrètement, les partisans de la phénétique numérique évaluent un grand nombre de caractères, quelle que soit leur nature, et calculent un indice de similarité entre chaque paire d'organismes à classer (calcul dans lequel tous les caractères ont rigoureusement le même poids). Puis, à l'aide d'un algorithme ascendant, ils construisent un arbre reliant tous les organismes entre eux selon leur similarité. On appelle cet arbre un 'phénogramme', et les distances qu'il montre sont des distances phénétiques. L'algorithme le plus fréquemment utilisé en phénétique numérique est l'UPGMA.

---

[8] Les phénéticiens ne considèrent pas que tous les caractères ont réellement la même importance biologique. Mais comme cette importance est impossible à quantifier, la solution la plus raisonnable est de ne pas donner plus de poids à un caractère qu'à un autre.

[9] Parce qu'ils utilisent tous les caractères possibles et qu'ils leur donnent la même importance, les phénéticiens se réclament du botaniste Adanson (cf. **Chapitre 3, section 1**). Cela leur sera reproché, car ce n'est pas vraiment ce que prônait Adanson. Celui-ci considérait qu'il fallait observer tous les caractères sans apriori, car tous *peuvent* être utiles à la classification ; ce qui n'est pas la même chose que de dire que tous les caractères *sont* effectivement utiles. Suite à ces critiques, les partisans de la phénétique numérique se qualifieront eux-mêmes de 'néo-adansoniens'.

[10] Ce qui est une autre différence majeure avec Adanson, car Adanson n'a jamais explicitement écrit que sa méthode faisait appel au calcul mathématique.

[11] L'idée de la démarche avait déjà été proposée dans les années 1930-40, mais elle était alors quasi impossible à mettre en œuvre (sauf à faire les calculs à la main, sur un petit nombre d'organismes).

ENCADRÉ 5 | L'ambiguïté de la formule 'taxinomie numérique'

Quand Sneath et Sokal posent les bases de la phénétique numérique en 1962 et 1963, ils nomment leur méthode *numerical taxonomy* ('taxinomie numérique'). Le terme 'taxinomie numérique' a cependant un sens assez large, puisqu'il désigne toute méthode de taxinomie qui repose sur le calcul. Or la cladistique (cf. **section 3**) est aussi une approche numérique, dès son origine et plus encore dans ses développements ultérieurs. Mais en 1962-63, la phénétique numérique est la seule représentante de la taxinomie numérique, et il y a donc synonymie entre les termes. Dans les faits, la cladistique n'émergera qu'à partir de 1965-66 (cf. **section 3**). Aujourd'hui, le terme 'taxinomie numérique' fait référence à la fois à la phénétique numérique et à la cladistique (mais, pour des raisons historiques, il est souvent implicitement question de phénétique numérique).

2.2 L'UPGMA

L'algorithme de l'UPGMA (*Unweighted Pair Group Method with Arithmetic mean*, 'méthode non pondérée de regroupement par paires au moyen de la moyenne arithmétique') a été proposé en 1958 par Sokal lui-même, en collaboration avec l'Américain Charles Michener (le nom de la méthode sera donné quelques années plus tard). C'est un algorithme itératif travaillant sur une *matrice de dissimilarité*, c'est-à-dire un tableau donnant la dissimilarité (ou distance phénétique) entre chaque paire d'organismes à classer[12]. La dissimilarité n'est que le complémentaire de la similarité ; dans sa forme la plus simple : dissimilarité = 1 – similarité. Pour l'exemple, prenons la matrice suivante qui montre la dissimilarité entre quatre espèces notées A à D :

	A	B	C	D
A	0	0,3	0,5	0,9
B	0,3	0	0,5	0,9
C	0,5	0,5	0	0,9
D	0,9	0,9	0,9	0

Une matrice de dissimilarité est carrée (elle comporte autant de lignes que de colonnes), sa diagonale principale n'est constituée que de zéros (la dissimilarité d'une espèce avec elle-même est nulle) et elle est symétrique (la dissimilarité entre A et B est la même qu'entre B et A). Il est important de réaliser qu'avec une

[12] Les organismes à classer peuvent être des espèces ou des groupes d'espèces. De manière générique, on parle d'OTUs (*Operational Taxonomic Units*) – une terminologie introduite par Sokal et Sneath en 1963 (*Principles of numerical taxonomy*).

méthode basée sur une matrice de dissimilarité, *on ne travaille pas directement sur les caractères* mais seulement sur la similarité globale entre organismes.

À chaque itération de l'algorithme, on réalise les trois opérations suivantes :

1. On identifie la dissimilarité la plus faible de la matrice, qui indique les OTUs à regrouper. Ici il s'agit des espèces A et B (dissimilarité 0,3).
2. On calcule la distance phénétique qui sépare A et B du nœud qui les relie. Cette distance vaut, par définition, la moitié de la distance entre A et B : 0,3 / 2 = 0,15. On peut ajouter ce nœud sur le phénogramme :

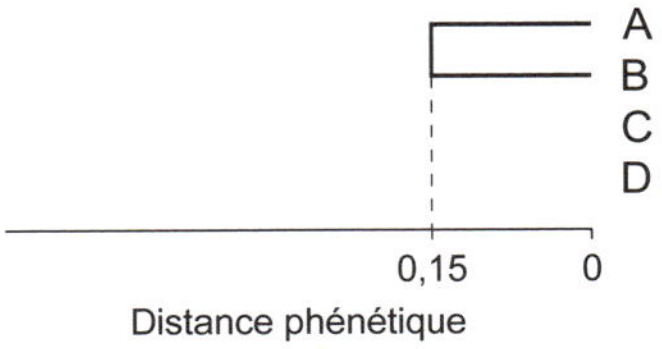

3. On recalcule la matrice de dissimilarité, en remplaçant les espèces A et B par le groupe (A,B). La dissimilarité entre (A,B) et C est égale à la *moyenne* de la dissimilarité entre A et C d'une part, et B et C d'autre part :

dissimilarité((A,B),C) = (dissimilarité(A,C) + dissimilarité (B,C)) / 2

= (0,5 + 0,5) / 2 = 0,5

On procède de la même manière pour la dissimilarité entre (A,B) et D, ce qui donne la matrice suivante :

	(A,B)	**C**	**D**
(A,B)	0	0,5	0,9
C	0,5	0	0,9
D	0,9	0,9	0

Tant qu'il reste au moins deux lignes et deux colonnes à la matrice, on procède à une nouvelle itération. Dans notre exemple :

1. On regroupe (A,B) et C (dissimilarité 0,5).
2. On calcule la distance phénétique qui sépare (A,B) et C du nœud qui les relie : 0,5 / 2 = 0,25. On ajoute ce nœud sur le phénogramme :

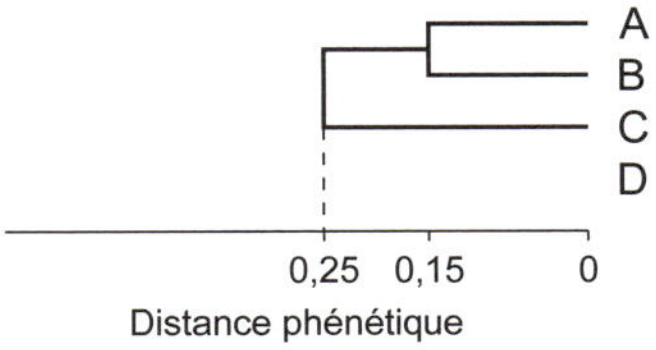

3. On met à jour la matrice de dissimilarité. La distance entre le groupe ((A,B),C) et D vaut (0,9 + 0,9) / 2 = 0,9

	((A,B),C)	D
((A,B),C)	0	0,9
D	0,9	0

Il reste une dernière itération à réaliser, qui aboutit au phénogramme final :

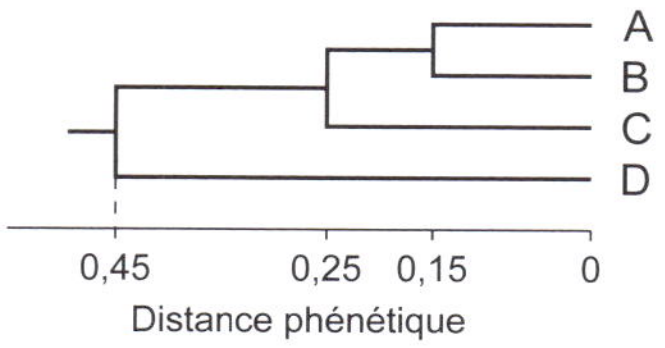

L'UPGMA produit un dendrogramme (en l'occurrence un phénogramme) qui possède deux propriétés essentielles : (i) il est 'raciné', c'est-à-dire que l'origine de l'arbre – sa racine – est identifiable ; (ii) il est 'ultramétrique', c'est-à-dire que toutes les espèces sont à égale distance de la racine de l'arbre (0,45 dans l'exemple).

3. La cladistique

3.1 Principes de la cladistique

L'école de la cladistique a été fondée par l'Allemand Willi Hennig, d'abord dans un livre en allemand à l'audience limitée (*Grundzüge einer Theorie der phylogenetischen Systematik* ['Fondements d'une théorie de la systématique phylogénétique'], 1950) puis dans un article de 1965 et enfin dans un livre en anglais qui est souvent considéré comme la réelle naissance de l'école (*Phylogenetic systematics* ['Systématique phylogénétique'], 1966 pour la version anglaise mais… 1982 pour la version originale allemande). Les partisans de la cladistique rejettent l'utilisation de la similarité, et considèrent qu'une classification ne doit être basée *que sur les relations de parenté* entre organismes. À première vue, cela ressemble à de la systématique évolutionniste débarrassée de la similarité. En fait, les divergences sont plus profondes.

Pour les systématiciens évolutionnistes, la phylogénie consiste en deux processus : la cladogenèse (qui forme les clades) et l'anagenèse (qui forme les grades) (cf. **section 1**). Les cladistes considèrent eux que la phylogénie se résume à la cladogenèse, c'est-à-dire aux divergences entre lignées évolutives. C'est un point de discorde majeur qui entraîna une grande confusion sémantique. En effet, Hennig nomme sa manière de procéder 'systématique phylogénétique' (les titres de ses livres sont limpides). Mais pour Mayr, Hennig ne fait pas vraiment de la phylogénie puisqu'il réduit celle-ci à la cladogenèse – ce qui, bien sûr, lui paraît être une aberration. C'est pour cette raison que Mayr, dans un article de 1965, donna le nom de 'cladistique' à la 'systématique phylogénétique' de Hennig, puisqu'elle ne s'occupe 'que' des clades[13].

Partir du principe que la classification se doive de respecter scrupuleusement l'histoire de la divergence des lignées évolutives, sans aucune autre considération, a un corollaire inévitable : pour qu'un groupe taxinomique soit valide, il doit contenir l'ancêtre commun *et tous ses descendants* (cf. **section 3.2**). Une telle condition n'existe pas en systématique évolutionniste. Pour les systématiciens évolutionnistes, un groupe est soit monophylétique (s'il a un ancêtre commun direct ; dit autrement, s'il est construit sur la base d'une homologie), soit polyphylétique (s'il n'a pas d'ancêtre commun direct ; dit autrement, s'il est construit sur une analogie). Pour les cladistes, il n'y a pas deux mais trois situations : soit un groupe est construit sur une analogie[14], auquel cas il est polyphylétique ; soit il est construit sur une homologie mais n'inclut pas tous les descendants de l'ancêtre commun, auquel cas il est 'paraphylétique'[15] ; soit il est construit sur une homologie et il inclut tous les descendants de l'ancêtre commun, auquel cas il est 'monophylétique' (figure 16). Le terme 'monophylétique' n'a donc pas la même définition pour les systématiciens évolutionnistes et les cladistes, ce qui entretiendra là encore une grande confusion sémantique[16].

Un autre aspect de la cladistique la différencie fortement de la systématique évolutionniste. En effet, les cladistes refusent d'établir des relations de descendance (qui descend de qui), ni entre groupes taxinomiques ni entre espèces. En somme, ils refusent de faire de la généalogie, ce qui est une rupture majeure avec la tradition héritée d'Haeckel, Gaudry et Hilgendorf (cf. **Chapitre 4**, **section 2.2**). Ce qu'ils établissent ce sont 'seulement' des relations de parenté (qui est plus proche de qui). Cela exclut de fait la considération de tout fossile comme ancêtre

[13] Hennig continuera d'appeler son approche 'systématique phylogénétique', car il refuse le nom de 'cladistique' donné par Mayr. Si, aujourd'hui, l'utilisation de l'un ou l'autre de ces termes importe peu (cf. **section 4**), à l'époque l'ambiguïté autour de la notion de 'phylogénie' rend préférable l'utilisation de 'cladistique' pour désigner l'approche de Hennig.

[14] En fait, sur une homoplasie (cf. **section 3.2** encadré 6).

[15] Le terme a été forgé par Hennig.

[16] Pour éviter cette confusion, l'Anglais Peter Ashlock, partisan de la systématique évolutionniste, proposera en 1971 de nommer « holophylétique » un groupe monophylétique au sens des cladistes (le terme 'monophylétique' garderait alors le sens que lui donnent les systématiciens évolutionnistes). Hennig rejettera cette proposition, et le terme 'holophylétique' n'est aujourd'hui plus vraiment employé (cf. **section 4**).

FIGURE 16 Les différents types de groupes pour les systématiciens évolutionnistes et les cladistes. Pour les premiers, un groupe est 'monophylétique' qu'il inclue tous les descendants de l'ancêtre commun ou non ; pour les seconds, un groupe est 'monophylétique' seulement s'il inclut tous les descendants de l'ancêtre commun.

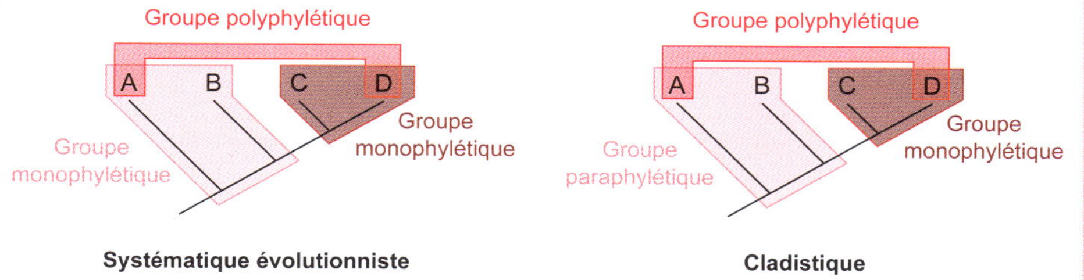

d'une autre espèce fossile, ou d'une espèce actuelle. En particulier, la notion de chaînon manquant est donc rejetée. Cela n'empêche pas de parler des ancêtres communs, mais ceux-ci sont des reconstitutions théoriques à partir des caractères que possèdent leurs descendants observables. Les ancêtres communs sont des portraits-robots, des 'mosaïques de caractères' (**section 3.2**).

Enfin, les cladistes ne rejettent pas la hiérarchie linnéenne des rangs taxinomiques, mais ils l'utilisent d'une manière différente des systématiciens évolutionnistes. Au lieu que les groupes taxinomiques se voient attribuer un rang selon le jugement de l'auteur, les cladistes partent du principe que deux groupes frères doivent avoir le même rang.

3.2 La méthode cladiste

La contribution essentielle de Hennig, qui constitue le cœur de la méthode cladiste, est de reconnaître qu'il existe deux types d'homologie et que seule l'une d'entre elles est utile pour établir les relations de parenté entre organismes. En effet, tout caractère est susceptible d'évoluer – de 'changer d'état'. Quand cela se produit, on dit qu'il passe de l'état *ancestral* (ou plésiomorphe) à l'état *dérivé* (ou apomorphe)[17]. Un même caractère hérité d'un ancêtre commun peut donc être à l'état ancestral chez certaines espèces, tandis qu'il est à l'état dérivé chez d'autres espèces – si le changement d'état (ou 'évènement évolutif') a eu lieu chez un ancêtre intermédiaire (figure 17). La clé de la méthode cladiste est de comprendre que *seuls les caractères à l'état dérivé*

[17] Ces deux états sont nécessairement hiérarchisés dans le temps : l'état ancestral précède l'état dérivé, puisque l'état dérivé apparaît à partir de l'état ancestral. Pour mettre en évidence des changements d'état (ou évènements évolutifs), il faut donc qu'un caractère soit présent en deux états dont l'un dérive de l'autre.

FIGURE 17 Les espèces A à H ont toutes un ancêtre commun (l'espèce 1). Pour un même caractère hérité de cet ancêtre commun, elles montrent cependant deux états différents car ce caractère a évolué chez une espèce intermédiaire dans la phylogénie (l'espèce 7). Ainsi, les espèces A à F montrent l'état ancestral (le même que l'ancêtre commun 1) tandis que les espèces G et H montrent l'état dérivé (apparu après l'ancêtre commun 1).

L'état dérivé permet la formation d'un groupe monophylétique contenant un ancêtre commun (l'espèce 7) et tous ses descendants (les espèces G et H). L'état ancestral ne permet que la formation d'un groupe paraphylétique contenant un ancêtre commun (l'espèce 1) mais pas tous ses descendants (l'espèce 7 et ses descendants sont exclus). Seul l'état dérivé permet d'établir les vraies relations de parenté.

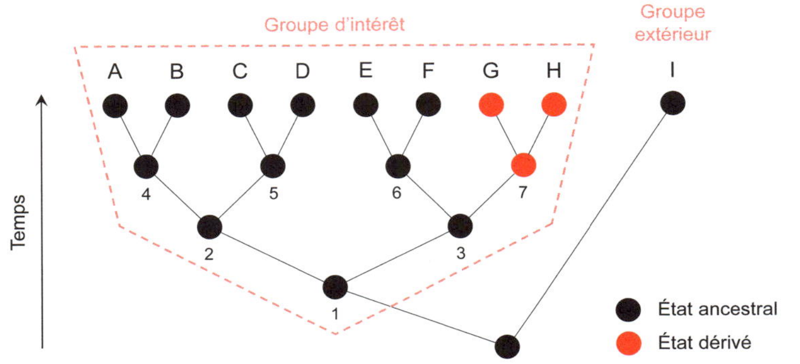

permettent de reconstituer les relations de parenté. Prenons l'exemple de la figure 17 qui montre les relations de parenté réelles entre les espèces A à H (relations inconnues du systématicien, qui cherche à les reconstruire à partir de la seule observation des espèces A à H). Sur la base de l'état dérivé, on regroupe les espèces G et H comme les plus proches parentes. C'est tout à fait correct car ces deux espèces partagent bien un ancêtre commun exclusif (l'espèce 7). Sur la base de l'état ancestral, on regroupe les espèces A à F comme les plus proches parentes. C'est une erreur, car cela revient à considérer que les espèces E et F sont plus proches des espèces A à D que des espèces G et H; or E et F sont en réalité plus proches de G et H (par leur ancêtre commun l'espèce 3) que de A à D (leur ancêtre commun, l'espèce 1, est plus ancien). L'état dérivé permet de former des groupes monophylétiques (qui contiennent un ancêtre commun et tous ses descendants), qui reflètent fidèlement la phylogénie réelle. L'état ancestral ne permet que de former des groupes paraphylétiques (qui contiennent un ancêtre commun mais pas tous ses descendants), qui sont trompeurs car ils ne reflètent pas la phylogénie réelle. La cladistique, dont l'objectif est uniquement d'établir les relations de parenté réelles, ne se base donc que sur les groupes monophylétiques et rejette les groupes paraphylétiques[18].

---

[18] Vu d'une autre manière, l'état dérivé permet de créer des 'groupes positifs', définis par un caractère qui leur est propre. Par exemple les Vertébrés (qui ont des vertèbres) ou les Amniotes (qui ont un amnios).

ENCADRÉ 6 | Un peu de vocabulaire

La cladistique est marquée par un vocabulaire assez riche. On distingue les caractères partagés car hérités d'un ancêtre commun (les *homologies*) des caractères partagés non hérités d'un ancêtre commun (les *homoplasies*).

Les types d'homologie – Un caractère homologue à l'état ancestral (ou plésiomorphe) est une plésiomorphie. Comme ce caractère est dans les faits toujours présent chez plusieurs des taxons qu'on cherche à classer (figure 17), on parle de *symplésiomorphie* (le préfixe 'syn' exprime l'idée d'une pluralité, d'un ensemble). Un caractère homologue à l'état dérivé (ou apomorphe) est une apomorphie. S'il est présent chez plusieurs des taxons qu'on cherche à classer, on parle de *synapomorphie*. S'il est présent chez un seul de ces taxons, on parle d'*autapomorphie*.

Les types d'homoplasie – On distingue quatre types d'homoplasie : (i) l'analogie, qui est une ressemblance *fonctionnelle* sans forcément de ressemblance structurale (les ailes des Oiseaux et des Insectes par exemple, qui n'ont rien à voir sur le plan structural mais qui ont la même fonction) ; (ii) la convergence, qui est une ressemblance *structurale* liée à des contraintes fonctionnelles similaires (l'hydrodynamisme des requins, des Cétacés et des manchots par exemple, qui répond à la contrainte de minimiser les frottements lors des déplacements en milieu aquatique) ; (iii) le parallélisme, qui est un cas particulier de convergence se produisant dans des lignées évolutives proches (la perte indépendante des membres dans plusieurs lignées de Squamates par exemple – les Serpents bien sûr, mais aussi tous les Dibamidés ainsi que certains Gekkotiens, Scincomorphes, Lacertoïdés et Anguimorphes [dont les orvets]) ; (iv) la réversion, qui est l'acquisition, à partir d'un état dérivé, d'un nouvel état de caractère ressemblant à l'état ancestral (le retour à des dents non différenciées chez les Cétacés par exemple, alors qu'une différenciation des dents en incisives, canines, prémolaires et molaires avait été acquise chez l'ancêtre des Mammifères).

Un point crucial de la méthode cladiste est de déterminer, quand un caractère présente deux états, lequel est ancestral et lequel est dérivé. On peut pour cela utiliser des données paléontologiques, car si le registre fossile est assez complet, il montre la chronologie de l'apparition des deux états. On peut aussi utiliser des données embryologiques, car il est fréquent qu'au cours du développement embryonnaire un caractère apparaisse d'abord à l'état ancestral avant de passer à l'état dérivé. Le plus souvent, on utilise cependant ce qu'on appelle un 'groupe extérieur' (*outgroup*). Celui-ci est constitué d'une espèce (ou plusieurs) dont on sait qu'elle est éloignée de toutes les espèces qu'on cherche à classer, mais pas trop éloignée pour

---

L'état ancestral ne permet que de créer des 'groupes négatifs', simplement définis en miroir de groupes positifs, sans caractère propre (par exemple les « invertébrés » qui sont tous les animaux n'ayant pas de vertèbres, ou les « anamniotes » qui sont ceux d'ayant pas d'amnios). Les groupes positifs sont monophylétiques, tandis que les groupes négatifs sont paraphylétiques (les « invertébrés » sont tous les Métazoaires sauf les Vertébrés, les « anamniotes » sont tous les Gnathostomes sauf les Amniotes). D'où le fait que la cladistique rejette les groupes négatifs.

qu'il y ait quand même des caractères en commun à comparer. Le groupe extérieur montre, en principe, l'état ancestral du caractère (figure 17)[19].

La méthode par laquelle la cladistique établit les relations de parenté doit probablement moins à Hennig qu'à d'autres (y compris des personnes qui ne se revendiquent pas de la cladistique, cf. **Chapitre 6, section 1**). Prenons un exemple pour illustrer cette méthode. On cherche à établir les relations de parenté entre un thon, un dauphin et une chauve-souris. On commence par choisir un groupe extérieur. Le 'groupe d'intérêt', c'est-à-dire le groupe minimal qui réunit toutes les espèces qu'on souhaite classer, correspond aux Vertébrés Ostéichthyens (les Vertébrés à squelette osseux). On choisit donc comme groupe extérieur un Vertébré non Ostéichthyen, ici une lamproie qui est un Vertébré Cyclostome. Nous avons six caractères à notre disposition, chacun en deux états : présence/absence d'une chorde, présence/absence de mâchoires articulées, présence/absence de nageoires pectorales, présence/absence de poumons, présence/absence de glandes mammaires et présence/absence d'ailes. Ces caractères ne sont pas choisis au hasard. On pense que s'ils sont identiques chez plusieurs espèces, c'est qu'ils ont été hérités d'un ancêtre commun. Autrement dit, que ce sont des homologies. Mais on n'en est pas certain. À ce stade, ce sont ce qu'on appelle des homologies 'primaires' (des homologies supposées).

Il nous faut *polariser* les caractères, c'est-à-dire définir, pour chacun d'entre eux, lequel des deux états est l'état ancestral et lequel est l'état dérivé. Le groupe extérieur, la lamproie, montre l'état supposé ancestral. Grâce aux connaissances déjà acquises ou à l'observation directe, on peut remplir la *matrice de caractères* suivante :

	Lamproie	Thon	Dauphin	Chauve-souris
Chorde	0 (présence)	0	0	0
Mâchoires articulées	0 (absence)	1	1	1
Nageoires pectorales	0 (absence)	1	1	0
Poumons	0 (absence)	0	1	1
Glandes mammaires	0 (absence)	0	1	1
Ailes	0 (absence)	0	0	1

Dans cette matrice et pour chaque caractère, si une espèce possède le même état que la lamproie c'est qu'il s'agit de l'état supposé ancestral (codé '0' par convention), tandis que si elle montre un état différent c'est qu'il s'agit de l'état dérivé (codé '1')[20]. On note au passage que 0 *ne signifie pas absence*. Un zéro code l'état

[19] En fait, en cas d'homoplasie, le groupe extérieur peut montrer un état dérivé. C'est une des raisons pour lesquelles on multiplie le nombre de caractères, et éventuellement le nombre d'espèces qui constituent le groupe extérieur, car l'homoplasie est moins probable que l'homologie.

[20] S'il y a plus de deux états dérivés, ils sont codés 1, 2, etc.

ancestral du caractère, qui peut être son absence comme sa présence. Une fois la matrice remplie, on examine les caractères un par un pour ne garder que ceux qui sont 'informatifs', c'est-à-dire ceux qui permettent d'établir des relations de parenté. Le caractère 'chorde' est à l'état ancestral chez toutes les espèces. C'est donc une symplésiomorphie dans notre groupe d'intérêt. Il ne permet pas d'établir des relations de parenté au sein de notre groupe d'intérêt, donc est non informatif et inutile. Le caractère 'mâchoires articulées' est à l'état dérivé dans tout le groupe d'intérêt. C'est une synapomorphie de ce groupe. Il permet certes de regrouper les espèces de notre groupe d'intérêt, mais pas d'établir les relations de parenté au sein de ce groupe. Il est donc inutile. Les caractères 'nageoires pectorales', 'poumons' et 'glandes mammaires' sont à l'état dérivé chez une partie seulement des espèces du groupe d'intérêt. Ils sont donc utiles, informatifs, pour faire des regroupements au sein de ce groupe. Enfin, le caractère 'ailes' est à l'état dérivé chez *une seule* des espèces de notre groupe d'intérêt, c'est une autapomorphie. Il ne nous permet pas de faire de regroupement au sein de ce groupe, donc est inutile[21]. En résumé, *un caractère est informatif s'il est à l'état dérivé chez au moins deux espèces du groupe d'intérêt, mais pas toutes.*

Il y a donc ici trois caractères informatifs : les nageoires pectorales, les poumons et les glandes mammaires. Ces caractères sont cependant contradictoires : la présence de nageoires pectorales regroupe le thon et le dauphin, alors que les poumons et les glandes mammaires regroupent le dauphin et la chauve-souris. Une telle contradiction est très fréquente. C'est même plutôt la règle que l'exception dans la pratique. Pour la lever, on procède par *maximum de parcimonie*, c'est-à-dire qu'on privilégie le scénario évolutif qui fait le moins d'hypothèses de changements d'état de caractères (le scénario le plus simple)[22]. Pour ce faire, on commence par construire tous les dendrogrammes possibles, qu'on appelle 'cladogrammes' en cladistique[23]. Puis on replace sur chacun d'eux les changements d'états de caractère qu'ils supposent, toujours en privilégiant la solution la plus économe en hypothèses (figure 18). On peut alors choisir le cladogramme le plus parcimonieux (celui qui comporte le moins de changements d'état de caractères, ici le premier),

---

21 Attention au piège : on peut être tenté de regrouper les deux espèces du groupe d'intérêt montrant l'état ancestral, mais on ne regroupe jamais sur la base d'un état ancestral. On voit ici que les autapomorphies sont non informatives, et qu'elles n'ont donc aucun intérêt pour la cladistique. C'est une différence majeure avec la systématique évolutionniste, qui prête une grande attention aux autapomorphies puisqu'elles sont la marque du processus d'anagenèse et que celui-ci est important pour l'établissement des classifications (cf. **section 1**).

22 La méthode du maximum de parcimonie est basée sur le 'principe de parcimonie' ou 'rasoir d'Ockham', du nom de Guillaume d'Ockham, philosophe anglais qui l'a formalisé au XIVe siècle : « Les multiples ne doivent pas être utilisés sans nécessité. »

23 Une différence majeure entre un cladogramme et un phénogramme issu de la méthode UPGMA (cf. **Section 2.2**) est que la longueur des branches d'un cladogramme est arbitraire. Un point commun est qu'un cladogramme est également raciné, à la condition qu'un groupe extérieur ait été inclus dans l'analyse.

FIGURE 18 Les trois cladogrammes possibles, le groupe extérieur (la lamproie) étant par principe toujours… à l'extérieur. Sur un cladogramme donné, ce qui compte n'est pas l'ordre des espèces de gauche à droite mais les relations de parenté (qui est plus proche de qui). Les nœuds du cladogramme peuvent être tournés dans tous les sens, ça ne change pas l'information de la proximité phylogénétique. Quand un cladogramme suppose au moins deux changements d'état d'un même caractère, plusieurs scénarios sont possibles. Si plusieurs de ces scénarios sont aussi parcimonieux, peu importe lequel est utilisé (l'exemple est donné avec le cladogramme 1, où les nageoires pectorales peuvent être une homoplasie entre thon et dauphin [haut] ou une homologie de tout le groupe d'intérêt suivie d'une réversion dans la lignée évolutive menant à la chauve-souris [bas]). Du point de vue de la parcimonie les deux scénarios sont équivalents, même si bien sûr l'histoire qu'ils racontent est très différente.

Gm : glandes mammaires. Ng : nageoires pectorales. Pm : poumons. En rouge le passage à l'état dérivé, en noir le retour à l'état ancestral.

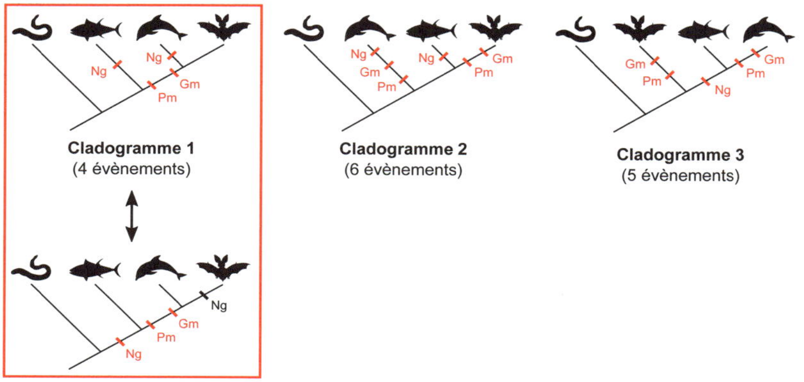

qu'on retient. Si plusieurs cladogrammes sont tout aussi parcimonieux, on peut établir un 'arbre consensus' qui est une synthèse de l'accord entre les différentes solutions possibles (figure 19). Finalement, on établit ici une relation de parenté plus forte entre le dauphin et la chauve-souris qu'entre ces deux espèces et le thon. Ainsi, les poumons et les glandes mammaires qu'on observe chez le dauphin et la chauve-souris sont des homologies, des synapomorphies du groupe formé par le dauphin et la chauve-souris. Nos deux homologies primaires (supposées) sont validées, ce sont de vraies homologies ou homologies 'secondaires'. L'origine des nageoires pectorales n'est par contre pas claire car deux scénarios sont aussi parcimonieux : elles pourraient être une homoplasie, c'est-à-dire une acquisition indépendante dans les lignées évolutives menant au thon et au dauphin, ou une homologie de tout le groupe d'intérêt suivie d'une réversion dans la lignée menant à la chauve-souris (figure 18)[24]. En tout cas, cet exemple volontairement simpliste suffit à montrer que

[24] En réalité, on sait parfaitement qu'il s'agit d'une homoplasie. Les Cétacés sont des Mammifères et ont un ancêtre terrestre. Ils sont secondairement adaptés à la vie aquatique et l'acquisition de nageoires

la 'forme générale' (la ressemblance morphologique globale) peut être très trompeuse : un dauphin 'ressemble' évidemment plus à un thon qu'à une chauve-souris, et pourtant il est plus proche parent de la chauve-souris que du thon.

FIGURE 19 À partir d'un même ensemble de caractères, trois cladogrammes en partie contradictoires sont tout aussi parcimonieux. L'information contenue dans ces cladogrammes peut alors être synthétisée dans un cladogramme consensus. Le niveau de consensus peut varier : un consensus strict indique que seuls les nœuds présents dans tous les cladogrammes sont conservés (ici la divergence entre D d'une part et les trois autres espèces d'autre part) ; ce niveau de consensus peut être abaissé (par exemple 75 % pour conserver les nœuds présents dans au moins 75 % des cladogrammes). Quand aucun consensus ne peut être trouvé, comme ici pour les relations entre A, B et C, on dit qu'on a une 'irrésolution'.

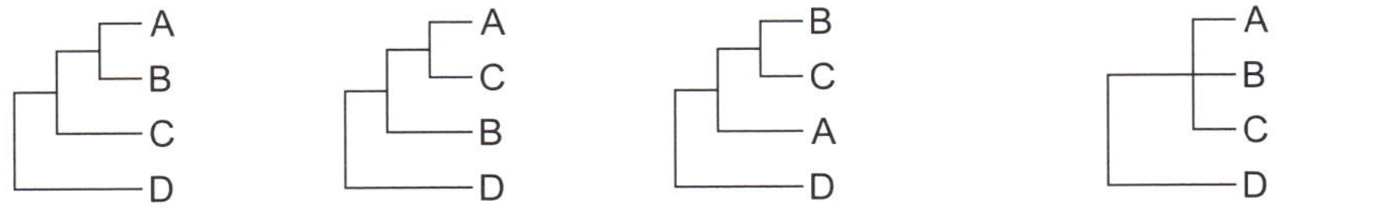

Vis-à-vis des méthodes basées sur la similarité générale, la cladistique présente l'avantage de travailler directement sur les caractères. Par rapport à un phénogramme, un cladogramme raconte donc une histoire. Les changements d'état de caractères étant explicites sur un cladogramme, ils permettent de proposer des scénarios évolutifs et de dresser des portraits-robots des ancêtres communs des espèces qu'on classe. Contrairement aux systématiciens évolutionnistes, les cladistes ne considèrent jamais qu'une espèce fossile connue puisse être l'ancêtre d'une autre espèce fossile connue ou d'une espèce actuelle (cf. **sections 1** et **3.1**)[25]. En cladistique, les ancêtres communs sont des constructions théoriques, des puzzles où chaque pièce est un caractère dont l'état est supposé d'après un cladogramme. Ce sont des 'mosaïques de caractères'. Ainsi, si l'on reprend notre exemple sur les Vertébrés, on peut supposer que l'ancêtre commun du thon, du dauphin et de la chauve-souris n'avait ni poumons ni glandes mammaires. Par contre, l'ancêtre commun plus récent aux seuls dauphin et chauve-souris devait posséder des poumons et des glandes mammaires. Pour ce qui est des nageoires pectorales, deux scénarios sont possibles : l'ancêtre commun aux trois espèces pouvait en posséder, auquel cas l'ancêtre commun au dauphin et à la chauve-souris devait aussi en posséder, ou il pouvait en être dépourvu, auquel cas l'ancêtre commun au dauphin et à la chauve-souris devait aussi en être dépourvu. Du point

pectorales est une convergence avec le thon (plus généralement avec les Gnathostomes non Tétrapodes). Les squelettes internes des nageoires pectorales du dauphin et du thon n'ont d'ailleurs rien à voir.

[25] Même si cette possibilité existe, elle ne peut pas être démontrée.

de vue de la parcimonie, on ne peut pas trancher entre ces deux scénarios[26]. On comprend ainsi pourquoi, si un cladogramme raconte toujours une histoire, il peut en suggérer plusieurs. Pour la forme du cladogramme lui-même, cela ne change rien. Mais pour l'histoire évolutive qu'on infère à partir de ce cladogramme, cela change beaucoup de choses. De même, lorsqu'un réexamen des caractères, ou la considération de caractères nouveaux, conduit à modifier un cladogramme ne serait-ce que légèrement, les scénarios évolutifs peuvent être grandement impactés (figure 20).

FIGURE 20 Le cladogramme 1 suppose un unique scénario évolutif, dans lequel le caractère considéré est une homologie dont le passage à l'état dérivé s'est produit entre le premier et le deuxième ancêtre commun (dont l'état hypothétique du caractère est indiqué en couleur). Un réexamen du cladogramme, qui amènerait à inverser les espèces A et B, bouleverserait à la fois le scénario évolutif (homologie suivie d'une réversion au centre, homoplasie à droite) et la reconstruction des ancêtres communs. En rouge l'état dérivé ou le passage à l'état dérivé, en noir l'état ancestral ou le retour à l'état ancestral.

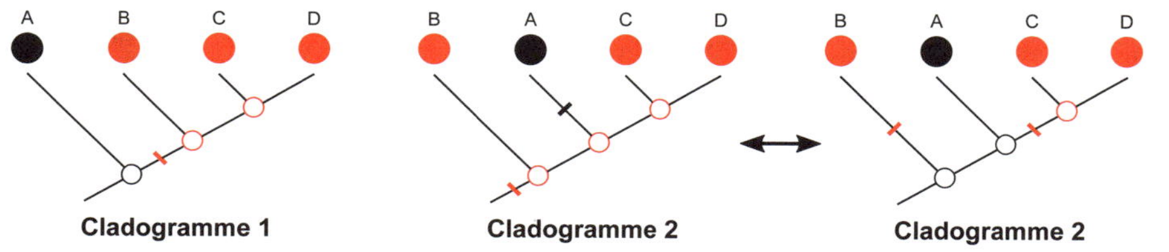

Ne pas considérer les fossiles connus comme ancêtres d'autres espèces ne veut pas dire que la cladistique ne s'occupe pas des fossiles. Certes, elle n'en a pas besoin pour reconstruire les relations de parenté entre espèces actuelles. Mais d'une part la méthode cladiste reposant sur le maximum de parcimonie peut tout aussi bien être appliquée à des espèces fossiles qu'à des espèces actuelles – on peut ainsi établir des phylogénies d'espèces fossiles, qui disent qui est plus proche parent de qui –, et d'autre part on peut parfaitement intégrer à la fois des espèces fossiles et des espèces actuelles dans une même analyse. Cependant, à la différence de la systématique évolutionniste, la cladistique ne dit pas qu'une espèce fossile est un ancêtre d'une espèce actuelle, encore moins un 'chaînon manquant' entre groupes taxinomiques actuels. La cladistique dit simplement qu'une espèce fossile est plus ou moins proche parente d'espèces actuelles. Les espèces fossiles, comme les espèces actuelles, sont des branches terminales du cladogramme (figure 21).

[26] Dans un réel travail de systématique, d'autres caractères seraient utilisés, en particulier anatomiques. Il serait alors évident que les nageoires pectorales du thon et du dauphin n'ont rien à voir, et que ce caractère partagé est donc une homoplasie. Les homoplasies sont cependant loin d'être toujours aussi faciles à déceler.

FIGURE 21 Pour les cladistes, *Archaeopteryx* n'est pas le 'chaînon manquant' entre les reptiles et les oiseaux, mais une espèce proche parente des Oiseaux qui possède à la fois certains caractères dérivés des Oiseaux actuels et certains caractères ancestraux observés chez les autres Diapsides actuels qu'on appelle « reptiles ». Comparer avec l'interprétation que font les systématiciens évolutionnistes du même *Archaeopteryx* (cf. **section 1** figure 15).

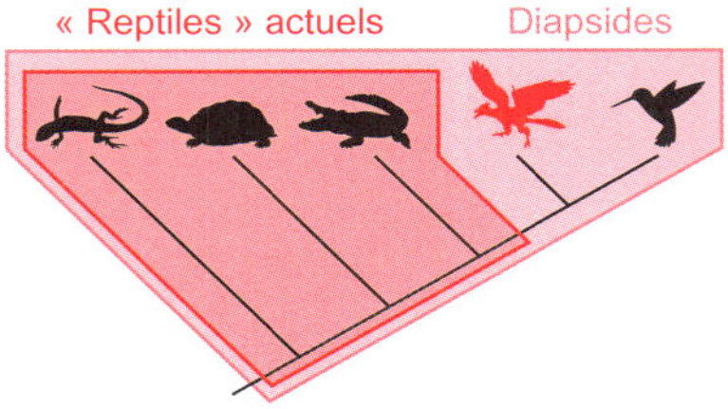

ENCADRÉ 7 **Comment reconnaître une homologie d'une homoplasie à partir d'un cladogramme ?**

Quand la présence d'un état de caractère est associée à un groupe monophylétique, on peut faire une hypothèse forte d'homologie (même si, formellement, on ne peut pas exclure un peu probable parallélisme). La reconstruction de tous les ancêtres n'est cependant pas si aisée, notamment si l'état du caractère sépare deux groupes monophylétiques divergeant à la racine du cladogramme. Quand l'état du caractère est observé chez des espèces éloignées sur le cladogramme, on peut faire une hypothèse assez forte d'homoplasie. Enfin, dans bien des cas, on ne peut pas faire d'hypothèse forte, ni sur l'origine commune ou non du caractère ni sur la reconstruction des ancêtres communs.

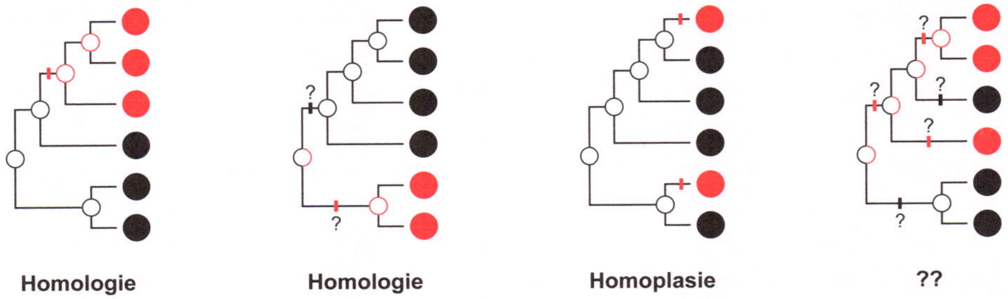

(En rouge et noir les deux états du caractère et les passages de l'un à l'autre. Quand l'état du caractère chez un ancêtre commun ne peut pas être déterminé, le nœud correspondant est figuré en noir et rouge.)

Pour finir, il convient de préciser qu'il n'y a aucune certitude que le cladogramme retenu à la suite d'une analyse cladistique représente la vraie histoire évolutive telle qu'elle s'est produite. Personne n'était là pour consigner cette histoire. Le scénario retenu et la reconstruction des ancêtres seront donc toujours des hypothèses. Pour que celles-ci gagnent en robustesse, il y a au moins deux possibilités : multiplier les espèces et multiplier les caractères, afin d'augmenter le nombre de caractères informatifs et parmi eux les homologies secondaires. C'est bien sûr ce qui est toujours fait. Cependant, il y a un prix à payer à augmenter le nombre d'espèces dans l'analyse : le nombre de cladogrammes possibles explose (pour 10 espèces il y a déjà plus de 34 millions de cladogrammes dichotomiques possibles, pour 20 espèces il y en a… 8.10^{21} !). Au-delà de 20 espèces, il est impossible d'examiner toutes les possibilités même avec une puissance de calcul immense. Grâce à une approche dite 'heuristique', une partie seulement de ces possibilités est donc examinée. Dès lors on ne peut pas garantir d'avoir identifié le cladogramme le plus parcimonieux.

4. L'affrontement

Pour les partisans de la phénétique numérique, un groupe naturel est un groupe homogène du point de vue de la similarité globale, peu importe que cette homogénéité soit due à une ascendance commune ou non. Pour les partisans de la cladistique, un groupe naturel est un groupe qui est une stricte communauté d'ascendance, peu importe qu'il soit homogène du point de vue de la similarité globale ou non. Pour les partisans de la systématique évolutionniste, un groupe naturel est un groupe qui a une ascendance commune directe et qui est homogène du point de vue de la similarité globale. Avec des conceptions si radicalement différentes, il était inévitable que le débat entre les trois écoles soit rude. Il l'a été en effet, pendant une trentaine d'années.

La systématique évolutionniste est largement une histoire de tradition, d'expertise, d'intuition et d'autorité des auteurs. En un mot, elle comporte une part substantielle de subjectivité. La phénétique numérique et la cladistique se sont construites contre cette subjectivité. Sneath et Sokal affirment d'ailleurs à propos de la phénétique numérique : « Les objectifs premiers de la méthode sont la répétabilité et l'objectivité, à propos desquelles la systématique actuelle[27] est sérieusement critiquée. » (1962) La volonté d'établir des classifications objectives passe par des méthodes formalisées de construction des arbres, qui reposent sur le calcul numérique (cf. **section 2.2** pour la phénétique numérique, **section 3.2** pour la cladistique), mais aussi par le rejet de la notion de grade et de toute terminologie du type 'inférieur' / 'supérieur' (la 'supériorité' étant jugée à l'aune d'un 'niveau de progrès' lui-même totalement subjectif), et de l'attribution de rangs taxinomiques au bon vouloir de l'expert.

Mais si la phénétique numérique et la cladistique s'accordent à condamner la systématique évolutionniste, elles n'en sont pas moins diamétralement opposées. Les

[27] Sneath et Sokal parlent de la systématique évolutionniste. Nous sommes alors en 1962, et la cladistique ne naîtra vraiment qu'en 1965-66.

phénéticiens reprochent aux cladistes l'aspect 'totalement spéculatif' de leurs reconstructions phylogénétiques – au moins dans les premières années de la cladistique –, ce sur quoi insistent aussi les systématiciens évolutionnistes (pour qui, fait aggravant, il est impensable de reconstruire quoi que ce soit sans faire appel aux données paléontologiques, cf. **section 3.2**). Les cladistes, eux, considèrent comme une aberration que les phénéticiens établissent des classifications sans tenir compte de l'histoire évolutive des organismes – c'est mélanger homologies et analogies alors que ce sont des causes de ressemblance qui n'ont rien à voir –, ce sur quoi les systématiciens évolutionnistes insistent également. À cela s'ajoute le fait que la phénétique numérique comporte aussi une part de subjectivité, car les mesures de distance et les algorithmes de reconstruction des arbres employés ne sont pas exempts d'hypothèses.

ENCADRÉ 8 | Le procès en trahison du darwinisme

L'un des arguments majeurs qu'utilise Mayr pour discréditer la cladistique a une portée symbolique non négligeable: Hennig trahirait la pensée de Darwin, car ce dernier aurait clairement dit que la classification doit tenir compte à la fois de la généalogie et de la similarité. Mayr étant indiscutablement l'un des plus grands biologistes de l'évolution du XXe siècle, cela a de quoi impressionner. Mais en réalité, cette affirmation repose sur des bases bien fragiles. En effet, Mayr fonde entièrement son argument sur un court passage de *L'origine des espèces*: « Je crois que l'*arrangement* des groupes dans chaque classe, d'après leurs relations et leur degré de subordination mutuelle, doit, pour être naturel, être rigoureusement généalogique; mais que la *somme* des différences dans les diverses branches ou groupes, alliés d'ailleurs au même degré de consanguinité avec leur ancêtre commun, peut différer beaucoup, car elle dépend des divers degrés de modification qu'ils ont subi; or, c'est là ce qu'exprime le classement des formes en genres, en familles, en sections ou en ordres. » Tout est histoire d'interprétation…

Il y a cependant un autre passage dans le même chapitre de *L'origine des espèces* qui ne manque pas de clarté, et que Mayr passera continuellement sous silence: « Si l'on pouvait prouver que [les oiseaux] descendai[en]t [des reptiles], je crois qu'il[s] serai[en]t classé[s] sous le groupe [reptiles], quelle que soient les différences de couleur et d'autres caractères importants avec [les reptiles]. »[28] Ici l'affirmation est limpide. Traduite en termes modernes, elle dit que les groupes paraphylétiques ne sont pas pertinents et que seuls les groupes monophylétiques au sens de la cladistique le sont.

Si l'on résume la vision de Darwin telle qu'elle est exprimée dans ces deux passages clés de *L'origine des espèces*, on pourrait dire qu'il aurait sans doute validé la méthode des cladistes plutôt que celle des systématiciens évolutionnistes; mais qu'il aurait attribué les rangs taxinomiques plus subjectivement que les cladistes ne le préconisent (à savoir même rang pour les groupes frères).

---

[28] Dans *L'origine des espèces*, l'équivalent de [les oiseaux] est « l'Hottentot » et l'équivalent de [les reptiles] est « le Nègre ». Nous avons remplacé les termes d'origine dans la citation car ceux-ci sont difficilement compréhensibles aujourd'hui. On notera que si ces termes paraissent choquants de nos jours, ils sont dans la norme de l'époque et ne traduisent aucun racisme exacerbé. Le passage sera tout de même

Il est à noter tout de même qu'avec le temps, les systématiciens évolutionnistes accorderont un grand mérite à la cladistique, une fois celle-ci bien formalisée : celui d'établir objectivement les relations de parenté. Les systématiciens évolutionnistes pourront donc utiliser la méthode cladiste, car ils partagent l'objectif d'établir des classifications qui rendent compte de ces relations. Mais ce qu'ils contestent totalement, c'est le fait que les cladistes fassent automatiquement de ces relations de parenté une classification[29]. Pour les systématiciens évolutionnistes, l'analyse cladistique n'est qu'une première étape. La classification est ensuite obtenue en rajoutant la considération de la similarité globale, afin d'obtenir des groupes homogènes (les grades). En un mot et comme Mayr le dira, la cladistique est vue comme étant d'une logique admirable mais manquant totalement de bon sens. L'exemple phare sur lequel Mayr et Hennig s'écharpent est celui des reptiles et des oiseaux (figure 22). C'est une absurdité pour Mayr de ne pas considérer les oiseaux séparément des reptiles, car les oiseaux ont acquis une quantité d'adaptations particulières liées au vol et à l'endothermie[30], et d'après lui ils sont sans aucun doute d'un grade supérieur aux reptiles.

FIGURE 22 Les systématiciens évolutionnistes et les cladistes s'accordent parfaitement sur les relations de parenté entre reptiles et oiseaux : les crocodiliens sont le groupe frère des oiseaux. Parce que les reptiles forment un ensemble homogène du point de vue de la similarité globale, et que les oiseaux en sont très différents, les systématiciens évolutionnistes reconnaissent deux groupes taxinomiques (qu'ils élèvent au rang de classe, dans la tradition historique) : les reptiles et les oiseaux. Ces deux groupes sont 'monophylétiques' au sens de la systématique évolutionniste, car leurs membres descendent d'un ancêtre commun direct. Parce qu'ils ne reconnaissent que la parenté, et donc que les groupes contenant tous les descendants d'un ancêtre commun ('monophylétiques' au sens de la cladistique), les cladistes rejettent le groupe des reptiles ; les Oiseaux et les « reptiles » forment ensemble le groupe des Diapsides, les Oiseaux et les Crocodiliens forment ensemble le groupe des Archosauriens.

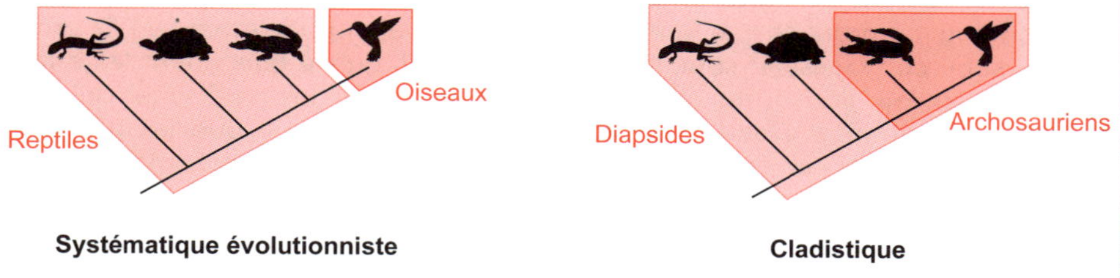

retiré à partir de la 5e édition de 1869, non parce que Darwin changea d'avis sur la manière de créer les groupes de la classification mais parce que l'exemple choisi était de moins en moins accepté.

29 Pour des raisons différentes, les phénéticiens soutiennent également qu'une phylogénie, même établie correctement, n'est pas une classification.

30 [Définition] L'endothermie est le fait qu'un organisme génère l'essentiel de sa chaleur interne lui-même. Les seuls taxons où la majorité, sinon la totalité, des espèces sont endothermes sont les Oiseaux et les Mammifères.

Le débat entre les trois écoles sera particulièrement vif dans les années 1960-70. Puis, dans les années 1970-80, la cladistique prendra progressivement le dessus sur la systématique évolutionniste. La puissance et l'objectivité de la cladistique auront raison du caractère subjectif et personnel de la systématique évolutionniste. Aujourd'hui, les concepts associés à l'école évolutionniste ont ainsi disparu de la systématique (en zoologie et en botanique du moins). La 'phylogénie' se résume désormais à la cladogenèse. Conséquemment, les termes 'systématique phylogénétique' et 'cladistique' sont maintenant des synonymes, tout comme les termes 'taxon'[31] et 'clade'. On ne parle plus que de parenté entre taxons (qui est plus proche de qui) et non plus de généalogie (qui descend de qui). Le terme 'monophylétique' ne désigne plus que des groupes contenant un ancêtre commun et *tous ses descendants*, et les groupes paraphylétiques ne sont plus valides. Le débat entre cladistique et phénétique numérique durera plus longtemps, notamment car la 'taxinomie numérique' (au sens de Sokal et Sneath) participera à ouvrir un nouveau champ de méthodes qui visent également à reconstruire la phylogénie, et parce que de nouveaux caractères feront leur apparition dans la seconde moitié du XXe siècle : les caractères moléculaires.

[31] [Définition] Un 'taxon' est une unité taxinomique, quelle que soit son rang : les métazoaires, les bilatériens, les arthropodes, les gastéropodes, les chondrichthyens, les mammifères, *Testudo* sp., *Bombyx mori*, etc.

Chapitre 6

Les phylogénies moléculaires : révolution opérationnelle et nouvelle révolution conceptuelle

La période allant des années 1960 à nos jours est sans aucun doute la plus dynamique qu'ait connu la systématique. Elle a vu émerger de nombreuses méthodes de reconstruction des phylogénies dont les résultats ont bouleversé la classification traditionnelle et les conceptions qui l'entourent.

1. Un peu de contexte : la classification n'est pas (encore) la phylogénie

Aujourd'hui, les termes 'classification' et 'phylogénie' sont des synonymes, en zoologie et en botanique du moins. Établir une phylogénie est donc synonyme d'établir une classification, et un cladogramme est automatiquement converti en une classification. Cependant, même si l'on omet la systématique évolutionniste qui a progressivement périclité dans le dernier quart du XXe siècle, cette synonymie n'en a longtemps pas été une. En effet, si les cladistes considèrent qu'une phylogénie est une classification, ce n'est pas le cas des partisans de la phénétique numérique (**cf. Chapitre 5**). Ces derniers considèrent qu'une classification doit être basée seulement sur la similarité globale, donc être phénétique. Mais ce n'est pas pour autant qu'ils se désintéressent de la phylogénie. C'est ainsi que presque simultanément à la naissance de la phénétique numérique (1962-63) va naître ce que Sokal appellera la 'phylogénétique numérique'. Sokal considère que la phénétique numérique et la phylogénétique numérique sont deux branches de la taxinomie numérique : la première s'occupe de classification tandis que la seconde s'occupe de phylogénie. Ce sont deux approches reposant sur des procédures claires et répétables, qui font appel au calcul numérique, mais qui dans l'esprit de Sokal ont deux objectifs bien différents même si elles peuvent ponctuellement donner des résultats similaires[1]. C'est ainsi qu'en 1965, Sokal et son collègue Joseph Camin proposent une méthode numérique pour reconstruire un cladogramme par maximum de parcimonie à partir d'une matrice de caractères. Paradoxalement vu de nos jours, Sokal a ainsi contribué à formaliser la méthode cladiste alors qu'il la combattait en tant que méthode d'établissement des classifications[2].

Les recherches sur la meilleure manière de reconstruire une phylogénie vont ainsi dépasser la seule communauté des systématiciens. L'élément déclencheur de leur dynamisme est la réalisation[3], au début des années 1960, que certaines macromolécules – les protéines et les acides nucléiques – sont porteuses d'une information historique, et qu'elles peuvent donc être utilisées pour établir des phylogénies. Dès lors, les séquences d'acides aminés dans les protéines, puis les séquences de nucléotides dans l'ADN et l'ARN, vont être vues comme un nouveau type de caractères utilisables en phylogénie[4]. C'est la naissance des *phylogénies moléculaires*. L'engouement pour les phylogénies moléculaires, qui est allé en s'amplifiant jusqu'aujourd'hui, s'explique par plusieurs propriétés des caractères moléculaires : ils sont extrêmement nombreux (une position dans une séquence équivaut à un caractère), leur état – l'identité du nucléotide ou de l'acide aminé

[1] Sokal s'approprie un peu vite le travail d'autres chercheurs. En effet, une partie de ceux ayant publié des méthodes numériques de reconstruction phylogénétique ne se revendiquent pas de la taxinomie numérique, car ils ne s'intéressent simplement pas à la classification. Il en va ainsi de Cavalli-Sforza et Edwards par exemple (cf. **section 2.2**). Par ailleurs, on peut noter l'ironie de considérer que la phylogénétique numérique est une branche de la taxinomie numérique, alors qu'on milite pour que la taxinomie ne soit que phénétique !

[2] En 1965, si les principes sur lesquels s'appuie la cladistique ont déjà été publiés par Hennig, la méthode cladiste en elle-même (cf. **Chapitre 5, section 3.2**) n'en est qu'à ses débuts. Elle a donc réellement besoin d'être formalisée. Camin et Sokal écrivent dans leur article de 1965 : « La méthode proposée ici n'est pas, en substance, différente des approches conventionnelles des cladistes. Simplement, elle quantifie et elle systématise ces procédures, les rendant objectives et leur permettant d'être implémentées sur ordinateur. Elle a donc la même relation avec la phylogénie conventionnelle (cladistique) que la taxinomie numérique a avec la taxinomie phénétique traditionnelle. » On note qu'en 1965, Sokal ne considère pas encore la phylogénétique numérique comme une branche de la taxinomie numérique.

[3] Réalisation généralement attribuée à l'Autrichien Émile Zuckerkandl et à l'Américain Linus Pauling, formalisée dans un célèbre article de 1965 (déjà publié en russe l'année précédente). Zuckerkandl travaillait alors dans le laboratoire de Pauling, sur l'hémoglobine.

[4] Les séquences de nucléotides n'ont pas été accessibles aussi rapidement que les séquences d'acides aminés, qui étaient plus simples à établir par les techniques biochimiques de l'époque. Le séquençage de l'ADN n'a été possible qu'à partir de la fin des années 1970.

à une position donnée – est déterminé absolument objectivement, et ils permettent de comparer même les plus différents des êtres vivants car tous possèdent de l'ADN, de l'ARN et des protéines.

2. L'essor de nouvelles méthodes

On peut distinguer les méthodes de reconstruction phylogénétique de deux manières : selon qu'elles travaillent directement sur les caractères ou non, ou selon qu'elles utilisent une distance évolutive ou non. Une distance évolutive entre deux espèces est le produit d'un taux de changement évolutif par un temps écoulé depuis la séparation des deux lignées de leur ancêtre commun. Les dendrogrammes représentant ces distances sont appelés 'phylogrammes' et sont caractérisés par le fait que toutes leurs branches n'ont pas forcément la même longueur[5].

2.1 Méthodes ne travaillant pas directement sur les caractères

Toutes ces méthodes sont basées sur une matrice de distance évolutive, qui est simplement une matrice de dissimilarité (cf. **Chapitre 5**, **section 2.2**) dans laquelle chaque espèce est caractérisée par une distance la séparant de chacune des autres espèces. Historiquement, cette distance fut d'abord calculée sur la base de fréquences alléliques ou de pourcentages d'hybridation entre brins d'ADN (ou entre un brin d'ARN et un brin d'ADN), avant d'être calculée directement à partir des séquences d'acides aminés ou de nucléotides.

L'algorithme de l'UPGMA (cf. **Chapitre 5**, **section 2.2**), qui avait été pensé pour mettre en œuvre la phénétique numérique, peut très bien être utilisé comme méthode de reconstruction phylogénétique. Il l'a été, jusqu'à ce qu'on se rende compte qu'il présente un défaut majeur. En effet, l'UPGMA produit un arbre ultramétrique, c'est-à-dire où toutes les espèces sont à égale distance de la racine de l'arbre. Appliqué à la reconstruction phylogénétique, cela revient à faire l'hypothèse que le taux de changement évolutif est constant dans toutes les lignées, c'est-à-dire que celles-ci évoluent toutes à une même vitesse elle-même constante (hypothèse dite de 'l'horloge moléculaire'). Si cette hypothèse est à peu près vérifiée dans certaines situations (par exemple, pour des espèces qui ont divergé très

[5] Cette longueur est d'autant plus importante qu'une lignée a accumulé de changements évolutifs. Ce peut être à cause d'un taux de changements importants et/ou d'un temps écoulé important. Sans hypothèse supplémentaire, il est impossible de dissocier les deux processus.

récemment), on s'est progressivement rendu compte que ce n'est généralement pas le cas[6]. L'UPGMA n'est donc quasiment plus utilisé aujourd'hui.

ENCADRÉ 8 | UPGMA : phénogramme ou phylogramme ?

L'UPGMA peut aussi bien produire un phénogramme qu'un phylogramme, car tout est question de point de vue. En soi, l'UPGMA produit simplement un dendrogramme de type ultramétrique. Si la méthode est utilisée pour répondre à une question du type 'qui ressemble le plus à qui', le cadre est celui de la phénétique et l'arbre produit est un phénogramme. Si la question est du type 'qui est plus proche parent de qui', le cadre est celui de la phylogénétique et l'arbre produit est un phylogramme. Ce phylogramme est construit sous l'hypothèse forte d'un taux d'évolution constant dans toutes les lignées (hypothèse de l'horloge moléculaire), d'où le fait que toutes les espèces soient à égale distance de la racine. On note que dans ce cas, la longueur d'une branche devient directement proportionnelle au temps écoulé depuis la séparation de cette branche d'avec sa branche la plus proche apparentée (le calcul de ce temps écoulé est d'ailleurs le premier intérêt de l'hypothèse de l'horloge moléculaire).

En 1963-64, pas moins de trois méthodes seront proposées par un duo de chercheurs ne se revendiquant pas du champ de la systématique, l'Italien Luigi Luca Cavalli-Sforza et l'Anglais Anthony Edwards. Ces trois méthodes sont celles des moindres carrés (1963), de l'évolution minimum (1963) et du maximum de vraisemblance (1964). Elles auront un grand impact en reconstruction phylogénétique car elles seront à la base de nombreux développements ultérieurs. Ces trois méthodes ont pour point commun de devoir comparer tous les dendrogrammes possibles, et de retenir celui qui présente la meilleure valeur d'un certain critère d'optimisation. Les moindres carrés et le maximum de vraisemblance (cf. **section 2.2**) sont les deux critères d'optimisation les plus importants en statistique, le premier étant un cas particulier du second[7]. Cavalli-Sforza et Edwards montrent que la méthode du maximum de vraisemblance est préférable à celle des moindres carrés, mais les calculs qu'elle exige sont irréalistes étant donnée la puissance des ordinateurs de l'époque. Ils développent donc la méthode de l'évolution minimum, qui est une approximation de celle du maximum de vraisemblance. Le critère sur lequel repose la méthode de l'évolution minimum est simple : la longueur totale du dendrogramme, c'est-à-dire la somme des longueurs de toutes ses branches, doit être la plus petite possible.

---

6 L'hypothèse de l'horloge moléculaire a été formalisée par Zuckerkandl et Pauling dans un article de 1965. Elle fait suite à leurs propres recherches sur l'hémoglobine, ainsi qu'à celles d'Emanuel Margoliash sur le cytochrome *c* et celles de Russell Doolittle et Birger Blombäck sur les fibrinopeptides. L'hypothèse ne concernait au départ que les protéines, et était globalement soutenue par les résultats déjà publiés. Elle fut étendue à l'ADN au début des années 1970, quand l'étude de celui-ci fut possible.

7 On doit la définition du critère des moindres carrés à l'Allemand Carl Friedrich Gauss et au Français Adrien-Marie Legendre, qui l'ont proposé indépendamment au tout début du XIXe siècle. C'est l'Anglais Ronald Aylmer Fisher qui développa le critère du maximum de vraisemblance, en 1912 puis en 1922.

Cette méthode est basée sur un principe du même nom que Cavalli-Sforza et Edwards ont énoncé en 1963 : « L'estimation la plus plausible d'un arbre évolutif est celle qui nécessite la quantité minimum d'évolution. » C'est une formulation très semblable à celle du principe de parcimonie, et très vite les deux principes seront vus comme équivalents voire dérivés l'un de l'autre[8].

Les trois méthodes de Cavalli-Sforza et Edwards, malgré leur intérêt indéniable, présentent l'inconvénient de devoir comparer tous les dendrogrammes possibles. Cela devient infaisable assez rapidement lorsque le nombre d'espèces augmente (cf. **Chapitre 5, section 3.2**). C'est dans ce contexte que plusieurs autres méthodes seront développées, qui visent toutes à approximer le résultat obtenu par évolution minimum via un algorithme aboutissant à la construction d'un seul dendrogramme. Parmi ces méthodes, celle qui connaîtra le plus de succès est le *neighbor-joining*, proposé en 1987 par les Japonais Naruya Saitou et Masatoshi Nei. Le *neighbor-joining* est un algorithme itératif construisant un unique dendrogramme (non raciné si aucun groupe extérieur n'est défini), et ce très rapidement même s'il inclut des centaines d'espèces. À la grande différence de l'UPGMA, il autorise un taux d'évolution différent selon les lignées, ce qui se traduit par une longueur de branche d'autant plus longue que le taux d'évolution dans cette branche est élevé (figure 23).

FIGURE 23 Le *neighbor-joining* autorise un taux d'évolution différent selon les lignées. Ainsi, deux espèces (ici A et B) peuvent être rassemblées même si elles évoluent à des vitesses différentes (B plus vite que A). Dans un tel cas, le résultat obtenu par UPGMA est biaisé.

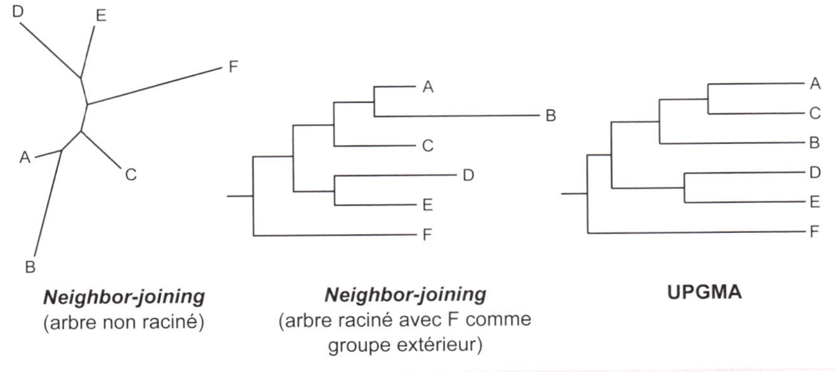

8 Le flou entoure en fait le principe d'évolution minimum et sa relation avec le principe de parcimonie utilisé en cladistique (cf. **Chapitre 5, section 3.2**). Edwards expliquera que ces deux méthodes de travail qui partagent la même philosophie (privilégier la phylogénie la plus simple – ce qui d'ailleurs ne veut pas dire qu'on considère que l'évolution a forcément procédé au plus simple) sont nées indépendamment l'une de l'autre quasiment en même temps. Ni Edwards ni Cavalli-Sforza n'étant systématiciens, ils pouvaient en effet ne pas avoir connaissance des travaux des cladistes, et vice-versa.

La généralisation rapide du *neighbor-joining*, et plus largement des méthodes produisant des phylogrammes où toutes les branches n'ont pas la même longueur, a conduit à une prise de conscience importante. En effet, il est apparu qu'une vitesse d'évolution variable entre lignées évolutives peut biaiser la reconstruction phylogénétique. Il s'est même avéré que c'est l'un des biais les plus importants qui puisse fausser cette reconstruction. On nomme ce biais 'artefact d'attraction des longues branches' (encadré 9). Son existence avait été démontrée théoriquement dès 1978 dans un article de l'Américain Joe Felsenstein, mais cette démonstration était passée relativement inaperçue jusqu'à la fin des années 1980. L'UPGMA, du fait de l'hypothèse d'horloge moléculaire qu'il impose, est très sensible à l'artefact d'attraction des longues branches (figure 23). Le *neighbor-joining* y est moins sensible que l'UPGMA, mais toutes les méthodes travaillant sur une matrice de distance évolutive y sont globalement sensibles.

ENCADRÉ 9 | L'artefact d'attraction des longues branches

L'artefact d'attraction des longues branches (qui, en miroir, est aussi une attraction des courtes branches) est un des biais les plus importants des reconstructions phylogénétiques, qu'il est difficile d'estimer. Il a pour origine le fait que certaines lignées évoluent plus rapidement que d'autres. En effet, plus deux lignées évoluent rapidement et plus la probabilité qu'apparaissent indépendamment des caractères communs augmente. En d'autres termes, plus deux lignées accumulent d'autapomorphies et plus la probabilité que surviennent des homoplasies augmente. Si ces homoplasies sont prises pour des synapomorphies, les deux lignées seront considérées comme proches parentes alors qu'en réalité ce n'est pas le cas.

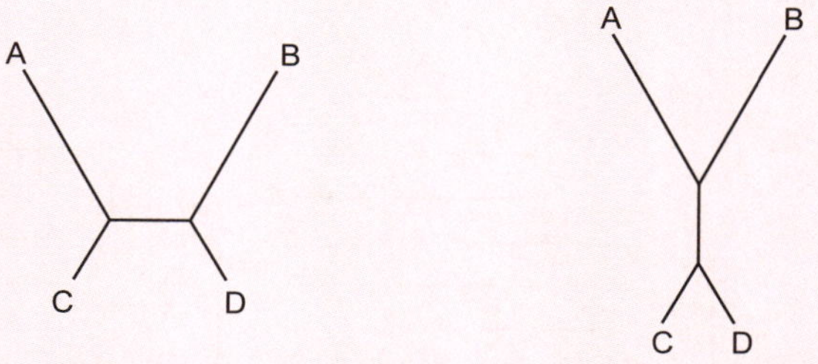

Phylogénie réelle **Phylogénie reconstruite** (biaisée par l'attraction des longues branches)

(Les dendrogrammes ci-dessus sont non racinés, donc on ne peut dire ni qui est plus proche parent de qui, ni dans quel ordre les lignées ont divergé.)

En pratique, les longues branches se trouvent souvent regroupées à la base du dendrogramme, près du groupe extérieur. En effet, le groupe extérieur est lui-même souvent une longue branche puisque par principe il est éloigné de toutes les autres espèces. Tous les caractères, tant moléculaires que morpho-anatomiques, peuvent causer un artefact d'attraction des longues branches, et toutes les méthodes de reconstruction phylogénétique y sont plus ou moins sensibles.

On peut agir à deux niveaux pour réduire le biais: utiliser les techniques de reconstruction qui y sont le moins sensibles, et 'casser les longues branches' en ajoutant dans l'analyse des espèces intermédiaires (quand c'est possible). C'est l'une des raisons principales pour lesquelles le groupe extérieur est souvent constitué de plusieurs espèces et non d'une seule, et que ces espèces sont choises pour être les plus proches possible du groupe d'intérêt. Dans l'exemple du chapitre précédent sur le thon, le dauphin et la chauve-souris (cf. **Chapitre 5, section 3.2**), il serait ainsi judicieux dans le cadre d'une phylogénie moléculaire de ne pas prendre une lamproie comme groupe extérieur, mais un voire plusieurs Chondrichthyens (requins, raies, chimères). Les Chondrichthyens étant plus proches parents que la lamproie du groupe d'intérêt, la branche (ou les branches) menant au groupe extérieur serait plus courte qu'avec une lamproie.

Quelle que soit la méthode de distance utilisée (UPGMA, évolution minimum, *neighbor-joining*, etc.), il est fondamental que les distances évolutives estimées soient les plus fiables possible. Or les caractères moléculaires présentent un défaut important: la 'saturation mutationnelle' (ou 'saturation substitutionnelle' ou encore 'substitutions multiples'). Ce terme traduit le fait qu'au cours du temps, plusieurs mutations peuvent survenir au même site d'une séquence donnée. Or dès qu'une seconde mutation intervient sur un même site, elle fait disparaître la première: si un A mute en un C qui mute lui-même plus tard en un T, la mutation d'origine (A > C) est invisible aujourd'hui. On perd ainsi la trace de nombreuses mutations associées à la divergence des lignées évolutives – mutations capitales pour la reconstruction phylogénétique puisqu'elles sont la trace du processus historique qu'est la cladogenèse –, qui sont masquées par des mutations secondaires – sans rapport avec la cladogenèse. De même, des sites identiques entre deux séquences peuvent cacher des mutations antérieures et une similarité obtenue par homoplasie (par exemple A > C dans une séquence, T > C dans une autre). De manière générale, plus le temps séparant la divergence entre deux lignées est long et plus le nombre de différences observées entre les séquences qu'on compare sous-estime le nombre de mutations qui se sont réellement produites. Autrement dit, plus le temps passe et plus le signal historique est brouillé par des mutations secondaires. Ceci est particulièrement gênant avec les séquences d'acides nucléiques, car la diversité des états de caractères qu'elles montrent est très faible[9]. Avec l'attraction des longues

[9] En effet, chaque caractère (chaque position dans la séquence) ne peut exister que sous cinq états: les quatre nucléotides A, T/U, C, G auxquels on peut ajouter l'indel (cf. ci-dessous). Dans une séquence protéique, chaque caractère peut exister sous 22 états puisqu'il y a 22 acides aminés protéinogènes (23 états en comptant l'indel).
Quand, pour une position donnée d'une séquence (par exemple ATC**G**AA), il n'y a pas de nucléotide correspondant sur une autre séquence (ATCAA), on ne sait pas s'il y a eu insertion d'un nouveau nucléotide dans la première ou délétion d'un nucléotide dans la seconde. On parle alors d'indel ('insertion ou délétion') pour désigner la mutation survenue, et on note cet indel * dans la séquence (ATC*AA dans l'exemple précédent).

branches, la saturation mutationnelle est un autre biais important qui peut fausser la reconstruction phylogénétique[10]. Pour en minimiser l'effet, il est indispensable d'utiliser un *modèle d'évolution*. C'est grâce au modèle d'évolution qu'on calcule les distances évolutives qui serviront à la reconstruction phylogénétique. Ces distances diffèrent de la simple dissimilarité observée entre séquences, car elles intègrent des probabilités de substitution d'un nucléotide (ou d'un acide aminé) par un autre.

ENCADRÉ 10 | Les premiers modèles d'évolution

Le tout premier modèle d'évolution de séquences nucléiques est celui proposé par Thomas Jukes et Charles Cantor en 1969 (JC69). C'est le plus simple possible, il introduit un seul taux de substitution qui est identique quel que soit le nucléotide de départ et celui obtenu par mutation. C'est bien sûr une simplification exagérée, mais c'est un point de départ. Implicitement, le modèle JC69 fait d'autres hypothèses: que la fréquence des différents nucléotides est équivalente dans toutes les séquences (25 %), que les séquences évoluent à la même vitesse dans toutes les lignées évolutives et que tous les sites d'une même séquence évoluent à la même vitesse. De nombreux modèles seront proposés par la suite, chacun relaxant une ou plusieurs hypothèses des modèles précédents. Ainsi, le modèle K80 (Kimura 1980) est une extension de JC69 dans laquelle les transitions (substitutions d'une purine [A/G] par une autre purine, ou d'une pyrimidine [T/C] par une autre pyrimidine) et les transversions (substitutions d'une purine par une pyrimidine ou inversement) ont des probabilités différentes. Le modèle F81 (Felsenstein 1981) est une autre extension de JC69 dans laquelle les nucléotides n'ont pas tous la même fréquence. Le modèle T92 (Tamura 92) combine à la fois une probabilité différente pour les transitions et les transversions, et une fréquence différente pour les nucléotides A et T d'une part, G et C d'autre part. Le modèle TN93 (Tamura et Nei 1993) va encore plus loin en ajoutant une probabilité différente pour les transitions A ↔ G et T ↔ C. Finalement, le modèle le plus général est le modèle GTR (*General Time-Reversible*) dans lequel toutes les substitutions ont une probabilité différente (mais symétrique: la probabilité de A > G est identique à celle de G > A) et tous les nucléotides ont une fréquence différente. Il existe bien d'autres modèles encore.

L'approche est un peu différente pour les séquences protéiques. S'il existe bien un modèle dans lequel toutes les 'substitutions' ont la même probabilité (le modèle de Poisson, équivalent de JC69 pour les acides aminés), il a vite été clair que l'hypothèse d'équiprobabilité ne tenait pas. Les modèles suivants (Dayhoff, JTT, etc.) se sont plutôt basés sur des probabilités empiriques de remplacement d'un acide aminé par un autre, l'estimation de ces probabilités étant de plus en plus fiable avec le temps.

Quel que soit le modèle, la démarche est toujours la même: à partir des séquences observées et du modèle choisi, on calcule la distance évolutive pour chaque paire de séquences. La matrice de distance évolutive ainsi obtenue est ensuite soumise à un algorithme de reconstruction phylogénétique.

[10] Un troisième biais est celui de 'composition en bases'. L'inégalité de fréquence entre les nucléotides (ou les acides aminés) de différentes séquences, si elle n'est pas prise en compte, peut en effet perturber la reconstruction phylogénétique.

2.2 Méthodes travaillant directement sur les caractères

Toutes ces méthodes se basent directement sur les caractères, c'est-à-dire chaque site d'une séquence en phylogénie moléculaire. Comme les méthodes précédentes, elles permettent de reconstruire la phylogénie. Mais, à la différence des précédentes, elles permettent aussi de proposer des scénarios évolutifs et d'établir des portraits-robots des ancêtres communs.

La cladistique, dans sa version historique basée sur le maximum de parcimonie (cf. **Chapitre 5**, **section 3.2**), est la première de ces méthodes. En effet, rien n'empêche d'appliquer la méthode cladiste à des séquences moléculaires, sans aucune modification de procédure. Cette procédure est identique qu'un caractère soit morphologique, anatomique, embryologique ou moléculaire. Contrairement aux méthodes précédentes, et aux méthodes suivantes, la cladistique ne repose pas sur la notion de distance évolutive. Pour cette raison il n'y est pas question de modèle d'évolution, et la longueur des branches d'un cladogramme est arbitraire et ne dit rien de la quantité de différences entre les lignées. Un cladogramme est ainsi fondamentalement différent d'un phylogramme. Dès la fin des années 1970, on s'aperçut que l'approche par maximum de parcimonie présente trois défauts majeurs : elle est très sensible à l'artefact d'attraction des longues branches et au biais de composition en bases, et elle ne tient pas compte des substitutions multiples[11]. Malgré quelques améliorations ultérieures, elle est aujourd'hui très peu employée en phylogénie moléculaire.

Les deux dernières méthodes sont dites *probabilistes*. Elles utilisent toutes les deux la notion de distance évolutive et produisent donc des phylogrammes. Leur relation aux distances évolutives est cependant différente des approches vues précédemment (cf. **section 2.1**). Dans les approches basées sur une matrice de distance, les distances évolutives sont calculées dans un premier temps, puis la reconstruction phylogénétique se fait sur la base de la matrice de distance. Les méthodes probabilistes travaillent sur les séquences moléculaires elles-mêmes et non sur les distances globales, mais aboutissent à un phylogramme qui permet d'estimer les distances évolutives. Par ailleurs, les approches probabilistes nécessitent un modèle d'évolution explicite. Ce peut être un des modèles vus précédemment (cf. **section 2.1** encadré 10), mais en pratique ce sont aujourd'hui des modèles plus complexes[12] (encadré 11).

---

[11] Par construction, l'approche par maximum de parcimonie ne peut pas prendre en compte d'états intermédiaires entre l'état initial du caractère et son état finalement observé.

[12] Une méthode probabiliste peut prendre en compte n'importe quel modèle. Une approche basée sur une distance évolutive globale exige un modèle dont on peut dériver une équation permettant de calculer cette distance. C'est possible jusqu'à un certain niveau de complexité, mais pas au-delà.

ENCADRÉ 11 | Les modèles d'évolution des méthodes probabilistes

Sur la base des modèles existants, qui pouvaient être utilisés pour calculer une distance évolutive globale entre séquences (cf. **section 2.1** encadré 10), de nouveaux modèles plus complexes ont vu le jour. En résumé, les innovations majeures ont été de pouvoir modéliser une vitesse d'évolution variable entre sites d'une même séquence, et des probabilités de substitution variables selon les sites et les branches du dendrogramme. Ainsi, il a pu être ajouté aux modèles une proportion de sites qui n'évoluent pas, puis, grâce à une distribution Gamma, que tous les sites n'évoluent pas à la même vitesse (donnant par exemple un modèle GTR+G+I, c'est-à-dire un modèle GTR [cf. **section 2.1** encadré 10] prenant en compte une proportion de sites invariables [+I] et une vitesse d'évolution variable pour les sites qui évoluent [+G]). Des modèles encore plus complexes ont ensuite introduit le fait que les probabilités de substitution (ou de remplacement d'un acide aminé par un autre) varient entre les sites d'une même séquence, comme le modèle CAT et le modèle LG. Le modèle CAT-BP permet même que ces probabilités de substitution varient à la fois entre sites d'une même séquence, et entre branches du phylogramme. On aboutit ainsi à des modèles comme CAT+GTR+G (modèle GTR à probabilités de substitution variables entre sites [CAT] et à vitesse d'évolution variable [+G]). De manière générale, l'augmentation de complexité des modèles vise à approcher de manière plus réaliste l'évolution moléculaire, et donc à être moins sensible aux différents biais de reconstruction phylogénétique.

Les deux approches probabilistes ont un solide fondement statistique basé sur la notion de vraisemblance. La vraisemblance d'un arbre phylogénétique est la *probabilité qu'on ait obtenu les séquences observées connaissant cet arbre (sa forme, la longueur de ses branches) et un modèle d'évolution donné*. On sent assez naturellement que les calculs que requièrent les méthodes probabilistes sont énormes, car il va falloir estimer une vraisemblance pour, en principe, tous les arbres possibles et pour chacun d'entre eux, toutes les longueurs de branches et toutes les valeurs possibles de paramètres du modèle d'évolution[13] ! Même si on peut, par différentes méthodes, se restreindre à un échantillon de toutes les combinaisons théoriques, cela reste tout de même très lourd. En pratique, les méthodes probabilistes ne se sont donc réellement développées qu'à partir du début des années 2000, quand la puissance de calcul des ordinateurs est devenue suffisante.

La première des deux approches probabilistes est celle du *maximum de vraisemblance*. Elle tire son origine du travail de Cavalli-Sforza et Edwards (cf. **section 2.1**), qui fut ensuite développé par le Polonais Jerzy Neyman (1971), les Indiens Kashyap et Subas (1974) et surtout Felsenstein qui en proposa le

[13] Les paramètres du modèle d'évolution sont les grandeurs variables du modèle. Par exemple, le taux de substitution dans le modèle JC69. Plus un modèle autorise de grandeurs variables (taux de transition, de transversion, fréquence des différents nucléotides, etc.) et plus il est flexible, mais plus il est complexe à estimer.

premier algorithme fonctionnel en 1981. Il fallut cependant attendre les années 1990 pour que la méthode puisse réellement être appliquée, et le début des années 2000 pour qu'elle soit utilisable à grande échelle. Si son exécution est très complexe, son principe est simple : retenir la phylogénie qui permet d'obtenir la vraisemblance maximale. Par maximum de vraisemblance on aboutit donc à un seul arbre, le plus probable[14].

La seconde des deux approches probabilistes est l'*inférence bayésienne*, introduite en phylogénie au début des années 2000. Sa philosophie revient à se dire qu'entre l'arbre ayant le maximum de vraisemblance et ceux qui ont 'quasiment' la même vraisemblance, il est artificiel de trancher en faveur d'une solution unique. La méthode bayésienne calcule, pour chaque arbre possible, sa plausibilité (exprimée sous forme de probabilité) sachant les séquences observées et le modèle d'évolution. Cette plausibilité dépend notamment de la vraisemblance associée à cet arbre. Parmi le très grand nombre d'arbres générés, une partie est échantillonnée (1 000 ou 10 000) ; l'échantillonnage étant pondéré par la probabilité des arbres[15]. Contrairement à l'approche par maximum de vraisemblance, l'approche bayésienne n'aboutit ainsi pas à un seul arbre mais à une population de 1 000 ou 10 000 arbres. L'arbre finalement retenu est un consensus de tous les arbres de cette population, où chaque nœud se voit associer la fréquence où il a été retrouvé dans les 1 000 ou 10 000 arbres de la population.

ENCADRÉ 12 | Les méthodes probabilistes, cladistique ou pas cladistique ?

Selon les sources, on lit que les méthodes probabilistes sont de la cladistique ou non. En fait, c'est une question de point de vue. Si par 'cladistique' on entend le raisonnement cladiste – la phylogénie équivaut à la cladogenèse, seuls les groupes contenant un ancêtre commun et tous ses descendants sont valides, seules les synapomorphies sont porteuses d'information, etc. (cf. **Chapitre 5, section 3.1**) – alors les approches probabilistes sont bel et bien de la cladistique. Si par 'cladistique' on entend la méthode de reconstruction phylogénétique par maximum de parcimonie, alors les approches probabilistes n'en sont pas.

Les approches probabilistes ont l'inconvénient d'être très lourdes à mettre en œuvre. Cependant, elles présentent deux avantages très importants vis-à-vis des autres méthodes : elles sont basées sur un modèle d'évolution explicite qui peut être complexe (donc potentiellement plus réaliste), et ce sont les moins sensibles

---

[14] Étant donné que tous les arbres possibles ne sont pas testés, car c'est simplement irréaliste même avec une puissance de calcul gigantesque, on ne peut jamais être totalement sûr qu'on ait bien abouti à l'arbre le plus probable.

[15] C'est-à-dire que plus un arbre a une probabilité associée élevée (plus il est plausible), plus il a de chances d'être échantillonné.

à l'artefact d'attraction des longues branches. Par ailleurs, comme la cladistique version maximum de parcimonie, les approches probabilistes permettent de reconstituer les portraits-robots des ancêtres communs et par là même de proposer des scénarios évolutifs. Mais contrairement à l'approche par maximum de parcimonie qui autorise seulement des affirmations binaires ('l'ancêtre devait posséder tel état du caractère' ou 'on ne sait pas quel état du caractère l'ancêtre possédait', cf. **Chapitre 5**, **section 3.2**), les approches probabilistes permettent d'être plus nuancé. En effet, pour chaque caractère est associée une probabilité que l'ancêtre possédait tel ou tel état.

ENCADRÉ 13 | Estimer la robustesse d'une phylogénie

N'importe quelle méthode de reconstruction phylogénétique renvoie un dendrogramme. La question légitime qu'on peut dès lors se poser est: quelle est la fiabilité de cet arbre? La manière classique de procéder pour répondre à cette question est d'utiliser des techniques statistiques de 'rééchantillonnage', dont la plus employée est le *bootstrap* introduit en phylogénie par Felsenstein en 1985. Globalement, le *bootstrap* consiste à tirer au hasard certaines séquences parmi celles ayant servi à reconstruire la phylogénie (la subtilité étant que, si le nombre de séquences total est inchangé, le tirage au sort se fait avec remise[16]), et à reconstruire la phylogénie à partir de ces séquences tirées au sort. On recommence ainsi 100 ou 1000 fois, ce qui amène à générer 100 ou 1000 dendrogrammes, chacun construit sur un jeu de séquences légèrement différent. Au final, à chaque nœud du dendrogramme initial on peut associer un pourcentage de robustesse correspondant au pourcentage d'arbres dans lesquels ce nœud a été retrouvé. Il n'existe pas de valeurs seuils absolues pour l'interprétation de ces pourcentages. En pratique, beaucoup considèrent qu'un pourcentage de 80-85 % est nécessaire pour considérer un nœud comme robuste (certains sont plus souples, d'autres plus stricts).

Le rééchantillonnage peut être réalisé quelle que soit la méthode de reconstruction phylogénétique: matrice de distance, maximum de parcimonie, maximum de vraisemblance ou inférence bayésienne. La seule condition est que le dendrogramme initial et tous les autres issus du rééchantillonnage soient construits exactement de la même manière. On note que pour l'inférence bayésienne, un autre indicateur de fiabilité est disponible pour chaque nœud du dendrogramme: sa plausibilité.

Attention toutefois à ne pas confondre robustesse et véracité: rien n'assure qu'un nœud robuste soit 'vrai'. C'est plutôt la multiplication des études indépendantes et des stratégies d'analyse des données différentes qui, si elles pointent toutes vers les mêmes conclusions, rendent hautement probable la véracité d'un regroupement phylogénétique.

[16] Une même séquence peut ainsi être tirée au sort plusieurs fois, tandis qu'une autre peut ne pas être tirée au sort.

2.3 La reconstruction phylogénétique aujourd'hui

Dans les années 1970-80, il était possible de travailler sur des séquences protéiques ou d'acides nucléiques (ADN, ARN) mais leur obtention était assez laborieuse. L'essentiel des caractères utilisés en phylogénie restaient donc morphologiques, anatomiques et embryologiques. Les choses ont commencé à changer à la fin des années 1980 et surtout dans les années 1990, notamment grâce aux progrès de la PCR (*Polymerase Chain Reaction*), réaction enzymatique d'amplification d'une séquence d'ADN ou d'ARN[17]. Les phylogénies moléculaires se sont ainsi multipliées. Elles avaient alors pour caractéristique d'être basées sur un seul gène, dont le choix dépendait des espèces à comparer : gène à évolution lente pour des espèces très éloignées (donc une recherche de divergences anciennes), gène à évolution plus rapide pour des espèces plus proches (divergences plus récentes)[18]. L'ARN de la petite sous-unité du ribosome (16S pour les « procaryotes », 18S pour les eucaryotes) fut ainsi un grand classique pour les divergences anciennes (plusieurs centaines de millions d'années), tandis que le cytochrome *b* était le gène classique pour les divergences plus récentes (50 millions d'années et moins)[19]. Seulement, il est apparu que la phylogénie obtenue pouvait dépendre du gène choisi. En d'autres termes, qu'il pouvait y avoir un conflit dans l'information historique portée par des gènes différents. Cela peut être dû, entre autres raisons, au fait que tous les gènes n'évoluent pas à la même vitesse. L'idée s'est alors développée de ne plus utiliser un seul gène, mais de combiner l'information de plusieurs gènes afin d'en dégager un signal phylogénétique global. Ceci a été permis au milieu des années 2000 (hier !), par les progrès et la démocratisation du séquençage automatique puis du séquençage de masse, et grâce à l'augmentation de la puissance de calcul des ordinateurs. Les phylogénies moléculaires sont alors rentrées dans une nouvelle ère, celle de la *phylogénomique*. Ce ne sont plus une ou quelques séquences qui servent à la reconstruction des phylogénies, mais des dizaines ou des centaines, qui conduisent à des jeux de données contenant jusqu'à plusieurs centaines de milliers de caractères étudiés chez des dizaines d'espèces ! Concrètement, la phylogénomique peut procéder de deux manières qui ne sont pas mutuellement exclusives : (i) placer

---

[17] La PCR est due en premier lieu à l'Américain Kary Mullis, qui en inventa les principes en 1983 (les développements techniques étant plus collectifs). Mullis obtint le prix Nobel de chimie en 1993 pour son invention.

[18] Un gène à évolution rapide n'est d'aucune utilité pour inférer des divergences anciennes, car les traces de ces divergences ont toutes les chances d'avoir été masquées par des substitutions multiples (le gène est alors dit 'saturé', cf. **section 2.1**). À l'inverse, un gène à évolution lente n'est d'aucune utilité pour inférer des divergences récentes, car il n'a pas eu le temps d'accumuler assez de mutations pour montrer un signal phylogénétique clair.

[19] De manière générale, le génome mitochondrial – et le génome chloroplastique chez les plantes – évolue plus rapidement que le génome nucléaire (plus précisément, plus rapidement que les exons des gènes nucléaires). Les divergences anciennes sont donc étudiées en utilisant des gènes nucléaires (dont le 18S) tandis que les divergences récentes sont étudiées en utilisant des gènes mitochondriaux (dont le cytochrome *b*) ou chloroplastiques.

toutes les séquences d'une même espèce les unes à la suite des autres (évidemment toujours dans le même ordre) et réaliser la reconstruction phylogénétique à partir de la 'supermatrice de caractères' ainsi obtenue; (ii) réaliser une reconstruction par séquence, et combiner tous les dendrogrammes ainsi obtenus dans un 'superarbre'[20].

En matière de méthodes de reconstruction phylogénétique, la phylogénomique s'appuie quasi uniquement sur les approches probabilistes. La plupart du temps, les deux approches (maximum de vraisemblance et inférence bayésienne) sont conduites en parallèle car elles sont complémentaires et aboutissent souvent à des résultats concordants (ce qui est un indicateur de la fiabilité de ces résultats). Les méthodes basées sur une matrice de distance n'ont pas tout à fait disparu. En effet, le *neighbor-joining* par exemple permet d'obtenir un dendrogramme très rapidement, même sur un grand jeu de données. Il est utilisé notamment pour construire le dendrogramme initial à partir duquel les méthodes probabilistes vont travailler[21]. Le maximum de parcimonie, quant à lui, n'est presque plus utilisé.

ENCADRÉ 14 | La phylogénie des gènes est-elle la phylogénie des espèces ?

En général, une phylogénie sert à reconstruire l'histoire évolutive d'espèces ou de groupes taxinomiques plus larges. C'est donc, en particulier, l'objectif premier des phylogénies moléculaires. Cependant, une phylogénie de gènes (ou de protéines) n'équivaut pas nécessairement à une phylogénie d'espèces. La raison principale à cela est qu'il n'est pas rare qu'un gène soit dupliqué au sein d'un génome. Ce faisant, il existe deux types d'homologies entre gènes : l'orthologie, quand deux gènes sont issus d'un gène ancêtre commun et ont divergé suite à un évènement de spéciation (cladogenèse), et la paralogie, quand deux gènes sont issus d'un gène ancêtre commun et ont divergé suite à un évènement de duplication au sein du génome :

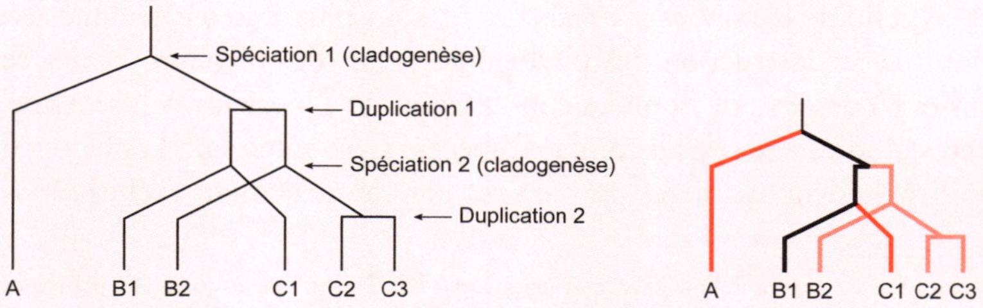

(Tiré de Fitch, 2000 ; droite : exemple avec le gène B1 [rouge : orthologues, rose : paralogues])

---

[20] Il y a ainsi un dendrogramme par séquence. Tous ces dendrogrammes sont ensuite combinés en un superarbre, qui doit gérer les désaccords éventuels entre dendrogrammes. La technique la plus utilisée pour construire ce superarbre est la méthode MRP (*Matrix Representation with Parsimony* ['représentation matricielle avec parcimonie']), proposée indépendamment par Bernard Baum et Mark Ragan en 1992.

[21] Puisqu'il est irréaliste d'explorer l'ensemble des arbres possibles, ce que requièrent en théorie les approches probabilistes, utiliser un arbre initial permet de restreindre l'immensité des possibles et d'orienter l'analyse dans une direction à priori crédible.

Cet exemple montre la phylogénie de six gènes provenant de trois espèces (A, B et C). Deux gènes sont orthologues si leur ancêtre commun se situe au niveau d'un évènement de spéciation. Ils sont paralogues si leur ancêtre commun se situe au niveau d'un évènement de duplication. A est donc orthologue à tous les autres gènes; B1 est orthologue à A et C1, paralogue à B2, C2 et C3; B2 est orthologue à A, C2 et C3, paralogue à B1 et C1; C1 est orthologue à A et B1, paralogue à B2, C2 et C3; C2 est orthologue à A et B2, paralogue à B1, C1 et C3; C3 est orthologue à A et B2, paralogue à B1, C1 et C2.

La paralogie est un évènement intragénomique, qui n'est pas lié à la cladogenèse et donc à l'histoire évolutive des espèces. L'orthologie, au contraire, est directement liée à la cladogenèse. Pour pouvoir inférer une histoire sur les espèces à partir d'une phylogénie moléculaire, il faut donc que celle-ci soit construite sur la seule base de gènes orthologues.

L'autre raison majeure pour laquelle une phylogénie de gènes n'équivaut pas forcément à une phylogénie d'espèces est l'ampleur des transferts de gènes dits 'horizontaux'. Tandis que les transferts verticaux sont les transmissions héréditaires (d'une génération à la suivante), les transferts horizontaux se font entre individus d'une même génération. Quand ces transferts horizontaux se produisent entre espèces différentes, ils brouillent le signal phylogénétique qui est dû aux seuls transferts verticaux. Ainsi, plus il y a de transferts horizontaux et plus une phylogénie doit être interprétée avec précaution car elle a des chances d'être biaisée. C'est particulièrement le cas chez les bactéries et les archées, où des phénomènes comme la conjugaison peuvent aboutir à *plus de la moitié du génome* acquis de manière horizontale. Les transferts horizontaux sont bien moins fréquents, mais pas inexistants, chez les eucaryotes pluricellulaires[22].

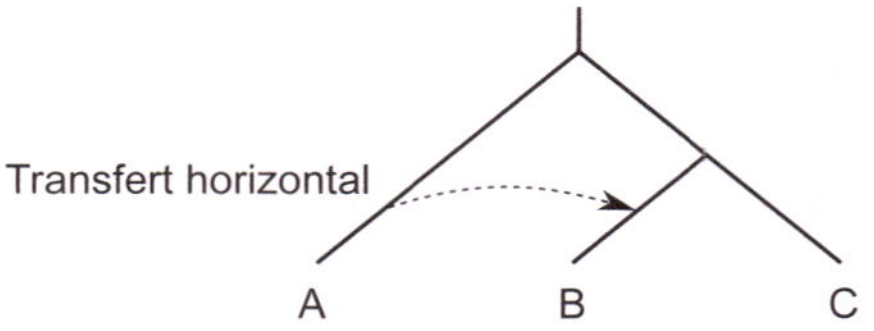

Dans cet exemple, la phylogénie réelle indique que B est plus proche parent de C que de A. Mais un transfert horizontal de gènes entre A et B peut biaiser la reconstruction en indiquant que B est plus proche de A que de C. Le biais est d'autant plus marqué que le transfert concerne un nombre important de gènes et que la reconstruction est basée sur un petit nombre de gènes.

ENCADRÉ 15 | Ne pas oublier la paléontologie

Le présent chapitre peut laisser à penser que la reconstruction phylogénétique ne se fait désormais plus que sur des bases moléculaires. C'est évidemment faux. Il est vrai que sur des espèces actuelles, la phylogénie basée sur des caractères morpho-anatomiques ou embryologiques se fait rare. Cependant, en paléontologie elle reste la norme puisque les caractères moléculaires sont – dans la grande majorité des cas – inaccessibles. En matière de méthodes de reconstruction, les approches probabilistes sont restreintes aux caractères moléculaires.

[22] Chez les eucaryotes, il a même été montré des phénomènes de 'capture d'organite', c'est-à-dire de transfert horizontal de l'ensemble d'un génome mitochondrial ou chloroplastique d'une espèce à une autre.

En effet, adapter un modèle d'évolution à des données morpho-anatomiques ou embryologiques, c'est-à-dire définir des probabilités qu'un caractère passe d'un état à un autre, est impossible. La reconstruction phylogénétique en paléontologie se fait donc essentiellement par maximum de parcimonie.

Les caractères moléculaires observables sur les espèces actuelles sont, avec les données paléontologiques, les deux manières de reconstituer l'histoire évolutive des animaux. Forcément, les deux approches ne sont pas toujours concordantes, et une défiance s'est vite installée entre les tenants des phylogénies moléculaires et les paléontologues. Celle-ci tend toutefois à s'atténuer avec le temps. Le registre fossile est indiscutablement très partiel, ce qui est le défaut majeur de l'approche paléontologique. Mais l'approche moléculaire est loin d'être parfaite, car elle est soumise à un certain nombre de biais évoqués précédemment et elle dépend fortement des modèles d'évolution utilisés; or rien ne dit qu'un modèle donné formalise correctement les phénomènes évolutifs qui ont été à l'œuvre. En toute transparence, en cas de désaccord entre données paléontologiques et données moléculaires issues de la phylogénomique, nous donnons personnellement la priorité aux phylogénies moléculaires, surtout si plusieurs études de phylogénomique convergent vers le même résultat. C'est un point de vue critiquable qu'on peut bien sûr ne pas partager, basé sur le nombre de caractères en jeu et la non-ambiguïté de leur détermination.

3. Le Big Bang conceptuel

3.1 Les effets de la cladistique : la disparition de nombreux groupes traditionnels

Jusqu'au début des années 1980 le débat avait toujours lieu entre les trois écoles de la systématique (systématique évolutionniste, phénétique numérique et cladistique, cf. **Chapitre 5**). En attendant son issue, c'est la classification traditionnelle qui continuait à dominer, en tout cas dans les manuels de zoologie. On trouve ainsi dans les manuels de cette époque tous les groupes taxinomiques classiques, enveloppés d'un discours empreint de gradisme et de progrès évolutif (figure 24). Morceaux choisis : « Les Spongiaires, Cnidaires et [Cténophores], formes les plus primitives des Métazoaires actuels [...]. », « Les Spongiaires sont les moins évolués. », « Les Cnidaires sont plus évolués. », « L'étape ultime de l'évolution des formes animales est caractérisée par l'apparition d'un troisième feuillet embryonnaire, le mésoderme [...] », « Chez les Protostomiens la métamérisation est très nette chez les formes inférieures [...] ; elle s'estompe fréquemment chez les formes supérieures. », « [...] les Pogonophores, organismes marins archaïques [...] », « Les Céphalopodes sont des Mollusques marins [...]. Cette classe rassemble les Mollusques les plus évolués en organisation ; d'ailleurs les Céphalopodes sont avec les Insectes et les Mammifères les plus perfectionnés de tous les animaux.» (Beaumont & Cassier, *Biologie animale – Des Protozoaires aux Métazoaires épithélioneuriens*, 3e édition, 2004 mais texte de 1981[23]).

FIGURE 24 Arbre phylogénétique d'un manuel de zoologie français de référence (adapté de Beaumont & Cassier, *Biologie animale – Des Protozoaires aux Métazoaires épithélioneuriens*, 3e édition, 2004 mais texte de 1981). Le titre orignal de la figure est «Arbre généalogique du Règne animal»). C'est un modèle d'arbre issu de l'école de systématique évolutionniste, héritage direct d'Haeckel (comparer avec la figure 13, **Chapitre 4, section 2.2**).

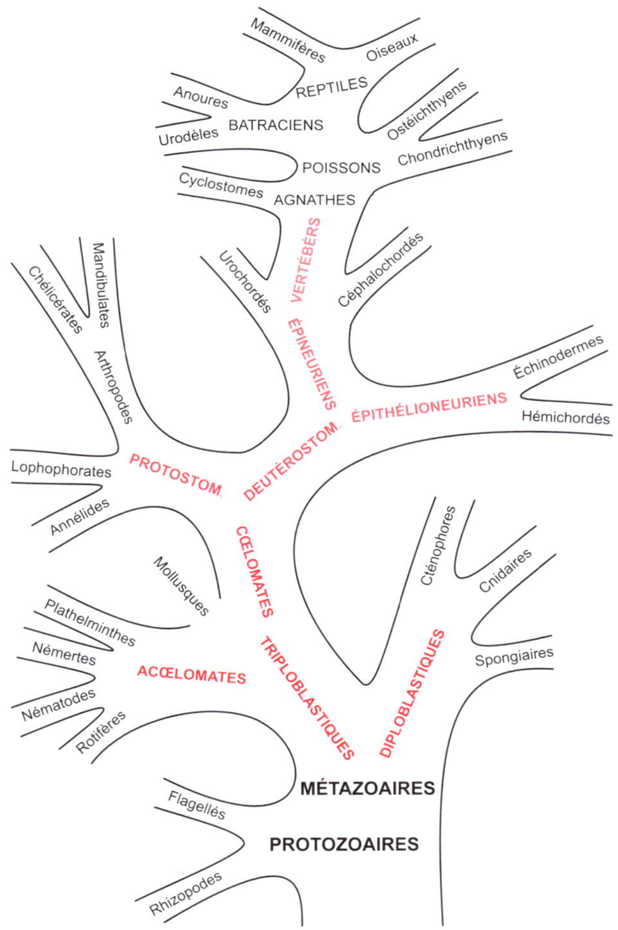

23 Notre objectif n'est aucunement de critiquer cet ouvrage en particulier. Il est simplement pris comme exemple représentatif des discours de l'époque. Du point de vue des descriptions morpho-anatomiques et des interprétations fonctionnelles qu'il présente, il reste d'ailleurs une référence incontournable de nos jours.

Les conceptions de l'école cladiste prirent toutefois le dessus au cours des années 1970-80 – en recherche du moins –, et petit à petit elles s'imposèrent[24]. Ainsi il fut bientôt assis que la systématique doit être seulement basée sur la phylogénie, que la phylogénie se résume à la cladogenèse, que seuls les groupes taxinomiques incluant l'ancêtre commun hypothétique et tous ses descendants ('monophylétiques' au sens de la cladistique) sont valides, et que par conséquent les groupes paraphylétiques (et polyphylétiques) et par là même la notion de grade doivent être oubliés. En soi c'est déjà une révolution conceptuelle, car de nombreux groupes traditionnels hérités de Linné, Lamarck et Haeckel sont ainsi voués à disparaître pour cause de paraphylie : les diploblastiques (tous les Métazoaires sauf les Bilatériens), les invertébrés (tous les Métazoaires sauf les Vertébrés), les anamniens/anamniotes (tous les Tétrapodes sauf les Amniotes), mais aussi deux des classes les plus emblématiques des classifications traditionnelles : les poissons et les reptiles[25] ! Les poissons correspondent en effet à tous les Vertébrés Gnathostomes sauf les Tétrapodes[26], tandis que les reptiles sont tous les Vertébrés Diapsides sauf les Oiseaux. Il est toutefois plus difficile qu'il n'y paraît de se défaire des conceptions traditionnelles, en particulier des discours gradistes. Les manuels s'articulent ainsi souvent autour des groupes taxinomiques classiques (poissons, reptiles, mammifères, etc.), dont on précise que certains sont paraphylétiques mais qu'on conserve pour désigner un 'degré général d'organisation'. Ainsi, l'enseignement de la zoologie est dans une sorte d'entre-deux bancal : la cladistique et les progrès qu'elle a apportés sont loués, mais on continue à organiser l'enseignement autour des groupes traditionnels tout en précisant que certains n'ont plus de validité… Les usages ont tellement la vie dure que certains noms de groupes taxinomiques seront conservés en dépit du bon sens. Ainsi par exemple, les vertébrés étaient organisés depuis le XIXe siècle en cinq classes (poissons, amphibiens, reptiles, oiseaux et mammifères) et parmi elles, les poissons étaient divisés entre chondrichthyens (littéralement 'poissons cartilagineux') et ostéichthyens ('poissons osseux'). Or les ostéichthyens sont paraphylétiques, puisque les quatre autres classes de vertébrés – unies dans le groupe des Tétrapodes – en font partie. Plutôt que de renommer le clade des Ostéichthyens incluant maintenant les Tétrapodes, on conserva le nom historique. Les Tétrapodes sont donc officiellement des Ostéichthyens, c'est-à-dire que les amphibiens, « reptiles », oiseaux et mammifères sont des 'poissons osseux'!

---

[24] L'unanimité n'est bien sûr jamais totale. Ainsi, dans un article de 1995, Sneath écrit encore : « Le débat sur les classifications phénétiques et phylogénétiques a été bénéfique […]. La cladistique d'Hennig, cependant, est un sujet secondaire qui n'a pas prouvé sa valeur. La taxinomie numérique au sens large est la plus grande avancée en systématique depuis Darwin et peut-être même Linné.» Plus loin : « On espère que le 'cladisme' ne va pas mener à une génération de systématiciens mal formés.» Quant à Mayr, il défendra la systématique évolutionniste contre la cladistique jusqu'à la fin de sa vie (son dernier grand article de synthèse à ce propos date de 2002, il est mort en 2005). Plus largement, la systématique évolutionniste n'a pas complètement disparu, particulièrement en microbiologie.

[25] Sans oublier les protozoaires, dont on savait déjà qu'ils étaient polyphylétiques.

[26] Selon les auteurs, les poissons peuvent aussi correspondre à tous les Vertébrés sauf les Tétrapodes (c'est-à-dire inclure les Cyclostomes).

3.2 Les effets des phylogénies moléculaires : un bouleversement des classifications antérieures

Les phylogénies moléculaires ont rebattu de nombreuses cartes depuis leur introduction. Historiquement, la première grande surprise qu'elles ont provoquée est très certainement la publication en 1977, par les Américains Carl Woese et George Fox, d'une analyse de l'ensemble du vivant sur la base des ARN ribosomiques 16S et 18S. On y découvrit que le vivant ne s'organise pas fondamentalement en deux groupes (les 'procaryotes', organismes unicellulaires sans noyau, et les 'eucaryotes', uni- ou pluricellulaires à noyau[27]), mais en trois : les 'archéobactéries', les 'eubactéries' et les eucaryotes (les archéobactéries et les eubactéries étant renommées 'archées' et 'bactéries' par Woese et ses collègues en 1990, car leur phylogénie montrait qu'il n'y a pas d'ancêtre commun exclusif aux archéobactéries et aux bactéries)[28]. En zoologie, les phylogénies moléculaires ont fait leur apparition en 1988 avec une publication de Katharine Field, Rudolf Raff et leurs collaborateurs basée sur l'ARN 18S. Les phylogénies moléculaires resteront cependant sporadiques jusqu'à la fin des années 1990, à partir desquelles les choses vont s'accélérer. Cinq évènements majeurs vont ainsi marquer les années 1995-97, et conduire à bouleverser les classifications traditionnelles.

En 1995, les lophophorates trouvent leur place parmi les cœlomates protostomiens. Les lophophorates sont un groupe contenant les animaux possédant une couronne de tentacules appelée 'lophophore', dont les bryozoaires et les brachiopodes. Le placement des lophophorates a toujours été confus, car certains caractères les rapprochent des protostomiens quand d'autres les rapprochent des deutérostomiens. Ils ont ainsi été considérés comme faisant partie des protostomiens, des deutérostomiens, ou comme formant un troisième groupe de cœlomates. Avant la publication de 1995, ils sont plutôt placés dans les deutérostomiens du fait de leur développement embryonnaire aux modalités majoritairement deutérostomiennes. La phylogénie de 1995, basée sur l'ADN 18S, montre que ce sont en fait des protostomiens[29].

---

[27] Cette dichotomie a été proposée par le français Édouard Chatton en 1925. Les termes choisis traduisent la notion de progrès évolutif : les 'procaryotes' sont les organismes qui viennent 'avant' l'apparition du noyau ; ils sont 'plus primitifs', 'moins évolués' que les 'eucaryotes', qui possèdent un 'vrai' noyau.

[28] Woese était un cladiste. En voulant faire de sa phylogénie en trois 'domaines' (ou 'empires' ou 'super-règnes' selon les auteurs) une classification, et donc en remettant en cause la distinction traditionnelle entre procaryotes et eucaryotes, il s'attira inévitablement les foudres de Mayr. Pour ce dernier, la vision traditionnelle devait perdurer notamment car les procaryotes montrent une homogénéité 'morphologique'. On note que concernant les 'règnes' du vivant, une vision traditionnelle perdure encore largement en parallèle d'une vision purement cladiste.

[29] C'est dans cet article qu'est proposé le nom 'lophotrochozoaires' pour désigner le clade regroupant les animaux à lophophore et ceux à larve trochophore (annélides et mollusques notamment). On note qu'il n'y a aujourd'hui aucune certitude sur la validité d'un groupe rassemblant les premiers, frère d'un groupe rassemblant les seconds.

Ce résultat est loin d'être anodin, car il implique que certains protostomiens ont un développement de type deutérostomien. Or la distinction entre protostomiens et deutérostomiens est justement basée sur des caractères embryonnaires[30] et constitue le fondement de la classification des cœlomates (figure 24). La logique aurait voulu qu'on revoie cette distinction, qu'on l'associe à d'autres caractères et qu'on change le nom des deux groupes. Le poids de l'histoire a fait qu'on a conservé les noms 'protostomiens' et 'deutérostomiens', ce qui ne manque pas de créer de la confusion.

La même année, un groupe emblématique est démantelé : les aschelminthes, aussi appelé 'pseudocœlomates'. Les aschelminthes sont un ensemble d'embranchements (dont les nématodes et les rotifères) qui possèdent une cavité générale qui n'est pas un cœlome du fait d'une origine embryologique différente (cf. **Chapitre 4, section 2.1**). Selon les auteurs, ils sont considérés comme faisant partie des acœlomates ou comme étant un groupe parallèle aux cœlomates, aussi apparu à partir d'un ancêtre acœlomate. Or l'étude de 1995, basée sur l'ARN 18S, montre que les aschelminthes sont polyphylétiques. Cette polyphylie sera validée par la suite, et on sait désormais que tous les anciens aschelminthes sont des protostomiens. Le regroupement de ces animaux sur la base de la possession d'un pseudocœlome n'était donc pas pertinent.

En 1997, une étude basée sur l'ARN 18S place les plathelminthes, groupe acœlomate typique, au sein des protostomiens c'est-à-dire au beau milieu des cœlomates. Depuis le début des années 1990 le doute avait été émis sur la place des plathelminthes dans la phylogénie des métazoaires, mais l'hypothèse dominante restait l'unité des acœlomates. Dans la lignée de la remise en cause du pseudocœlome comme caractère systématique, cette étude remet en cause la pertinence de regrouper des animaux sur la base de l'absence de cœlome.

La même année, une autre étude basée sur l'ADN 18S montre qu'au sein des protostomiens, tous les animaux grandissant par mue (c'est-à-dire les animaux à exosquelette ou cuticule), parmi lesquels les arthropodes, les nématodes et les tardigrades, se regroupent en un clade nommé 'ecdysozoaires'. À la suite de cette étude de 1997 et de la précédente de 1995, les protostomiens apparaissent ainsi divisés en deux groupes : les lophotrochozoaires[31] d'une part et les ecdysozoaires d'autre part. C'est une surprise de taille, car les annélides sont des lophotrochozoaires tandis que les arthropodes sont des ecdysozoaires. Or, du fait de leur métamérie commune, les annélides et les arthropodes étaient depuis Cuvier considérés comme très proches

---

[30] Classiquement, les protostomiens et les deutérostomiens étaient différenciés par le type de segmentation de leur cellule-œuf (spirale chez les protostomiens, radiaire chez les deutérostomiens), le devenir de leur blastopore (bouche et anus chez les protostomiens, anus seulement chez les deutérostomiens) et les modalités de formation de leur cœlome (schizocœlie chez les protostomiens, entérocœlie chez les deutérostomiens).

[31] Le sens du mot changera plus tard. Il s'applique désormais à un groupe plus restreint, et le groupe d'origine a été renommé 'spiraliens' (cf. **Conclusion**). Cependant la confusion règne encore car de multiples usages ont été faits des termes 'lophotrochozoaires' et 'spiraliens'.

(cf. **Chapitre 3**, **section 2.2**). L'hypothèse dominante était même que les arthropodes étaient issus d'un ancêtre annélide, ou inversement. Au-delà de ce résultat inattendu, cette étude confirma le placement des brachiopodes dans les protostomiens, l'éclatement des anciens aschelminthes (les rotifères émergeant au sein des lophotrochozoaires tandis que les nématodes font partie des ecdysozoaires) et le placement des plathelminthes dans les protostomiens.

En 1997 toujours, une étude basée sur un facteur d'élongation et sur le gène de l'ARN polymérase II montre un résultat très étonnant: les hexapodes (représentés à plus de 99 % par les insectes) sont inclus dans les crustacés. Jusque-là, on regroupait classiquement les hexapodes avec les myriapodes, du fait de leur vie terrestre et d'un certain nombre d'adaptations qui vont avec (dont la respiration par des trachées). Autant on savait que les poissons et les reptiles étaient paraphylétiques bien avant les phylogénies moléculaires et même la cladistique, autant personne ne remettait en doute la monophylie des crustacés. Très rapidement, le clade regroupant les anciens crustacés et les hexapodes fut nommé 'pancrustacés' ('crustacés au sens large', c'est-à-dire incluant les hexapodes). Faire disparaître le terme 'crustacés' de la systématique animale a sans doute été difficile, mais le garder et donc admettre que les insectes sont des crustacés, bousculait sans doute encore plus les us et coutumes. Les pancrustacés ont très vite été rapprochés des myriapodes, formant le groupe des mandibulates (ou antennates) au sein des arthropodes.

La fin des années 1990 et le début des années 2000 ont été une période d'importants progrès techniques, qui ont permis la publication des premières phylogénies moléculaires basées sur de multiples gènes ou protéines. Ces études incluaient toutefois un nombre assez limité d'espèces (moins d'une dizaine). Elles se sont accompagnées à la fois de confirmations des résultats antérieurs et de remises en cause sérieuses. Ainsi, les spongiaires sont apparus plusieurs fois comme paraphylétiques, tout comme les cœlentérés (mais la position relative des cnidaires et des cténophores vis-à-vis des bilatériens était confuse) et les cyclostomes[32]. Par ailleurs, plusieurs études ont à l'époque remis en cause l'émergence des nématodes et des plathelminthes au sein des protostomiens, en montrant que ces deux groupes se positionnaient en dehors des cœlomates. La vision traditionnelle (figure 24) revenait ainsi sur le devant de la scène.

L'ère de la phylogénomique débuta 'réellement' en 2005, avec la publication d'une étude comparant 146 gènes chez 35 espèces. Elle confirma la monophylie des protostomiens, des deutérostomiens, des lophotrochozoaires et des ecdysozoaires. Elle montra également que le placement des nématodes et des plathelminthes hors des cœlomates était dû à un artefact d'attraction des longues branches, car ces deux groupes évoluent plus rapidement que les autres (cf **section 2.1** encadré 9). Les nématodes sont donc bien des ecdysozoaires et les plathelminthes

[32] Les données paléontologiques avaient déjà conclu à la paraphylie des cyclostomes.

sont bien des protostomiens (mais leur position plus précise est alors confuse). Par ailleurs, cette étude est la première à proposer que le groupe frère des Vertébrés soit celui des Urochordés, et non celui des Céphalochordés comme il était traditionnellement admis.

Les études suivantes de phylogénomique, qui se sont multipliées à partir de la fin des années 2000, ont confirmé tous ces résultats. Elles ont par ailleurs invalidé la paraphylie des spongiaires et des cyclostomes, réhabilitant ces groupes comme valides. Parmi les résultats nouveaux qui ont été publiés, citons-en deux. Le premier est le déplacement unanime des tortues (les Chéloniens), qui se retrouvent désormais au cœur du groupe des Diapsides. Le second, beaucoup plus controversé, est que le groupe émergeant tout à la base des Métazoaires (le groupe frère de tous les autres animaux) pourrait ne pas être les Spongiaires comme il était admis depuis des décennies, mais les Cténophores. Depuis 2008, plusieurs études se sont en effet succédé qui aboutissent à ce résultat. D'autres études d'aussi grande ampleur, et la majorité des spécialistes, continuent cependant à défendre l'hypothèse des Spongiaires comme groupe frère de tous les autres animaux.

Tous ces remaniements de la classification pourraient paraître, pour certains du moins, relativement mineurs. Il n'en est rien. En effet, ils ont eu deux conséquences radicales : à la fois bouleverser les scénarios évolutifs antérieurs, et plus profondément encore, battre en brèche les concepts les plus fondamentaux de la systématique zoologique.

3.3 La seconde révolution

Jusqu'à l'avènement des phylogénies moléculaires, les classifications et les phylogénies étaient construites sur la base de caractères morphologiques, anatomiques et embryologiques. C'était faire l'hypothèse implicite, à priori justifiée, que les caractères partagés par plusieurs groupes d'animaux sont principalement des homologies, des similitudes héritées d'ancêtres communs. Les phylogénies moléculaires changent complètement la donne. En effet, les phylogénies et par là même les classifications sont désormais construites en utilisant des caractères moléculaires. C'est seulement *à posteriori* qu'on plaque sur les arbres phylogénétiques les états des caractères morpho-anatomiques et embryologiques, que ce soit pour élaborer des scénarios évolutifs, établir le portrait-robot des ancêtres communs ou donner des critères simples d'identification de tel ou tel groupe. Dans une telle démarche, rien n'assure que les scénarios évolutifs soient les plus parcimonieux du point de vue morpho-anatomique ou embryologique. En l'occurrence, bien souvent, les scénarios évolutifs qui apparaissaient auparavant comme les plus parcimonieux ont été chamboulés. Pensons à l'exemple des tortues (figure 25), ou à la controverse sur le groupe frère de tous les autres animaux qui pourrait peut-être changer radicalement la reconstruction de l'ancêtre commun des Métazoaires (figure 26). Il en va de même pour la métamérie chez les Protostomiens, dont il apparaît qu'elle est une homoplasie entre Annélides et Arthropodes puisque ceux-ci sont en fait beaucoup plus éloignés qu'on ne le pensait jusqu'alors. Plus impressionnant encore, le fait qu'à la fois les Bilatériens sans cœlome (comme les Plathelminthes) et ceux avec un pseudocœlome (comme les Rotifères et les Nématodes) soient en fait des Protostomiens – c'est-à-dire qu'ils sont placés au cœur des anciens cœlomates –, non seulement invalide les anciens groupes des acœlomates et des pseudocœlomates (aschelminthes), mais indique que le cœlome a été perdu de multiples fois au cours de l'évolution[33]. On savait

FIGURE 25 Les « reptiles » et les Oiseaux étaient traditionnellement réunis dans le groupe des Sauropsidés. Chez tous les Sauropsidés sauf les tortues, le crâne présente deux paires de fosses temporales. Le crâne des tortues ne montre aucune fosse temporale. Au sein des Sauropsidés on plaçait donc d'un côté les tortues (Chéloniens), qu'ont dit anapsides (sans fosses temporales), et de l'autre côté les Diapsides (animaux à deux paires de fosses temporales). Le scénario évolutif inféré à partir de cette phylogénie est ainsi que les fosses temporales sont apparues après la divergence de la lignée des tortues et du reste des Sauropsidés. Dans ce scénario l'ancêtre commun des Sauropsidés ne possédait pas de fosses temporales, tandis que l'ancêtre commun des Diapsides en avait. La phylogénomique ayant montré que les tortues se placent entre les Lépidosauriens ('lézards' et serpents pour l'essentiel) et les Archosauriens (Crocodiliens et Oiseaux), le scénario est chamboulé. Soit l'ancêtre des tortues possédait des fosses temporales qui ont été secondairement perdues (centre), soit les fosses temporales sont apparues indépendamment chez les Lépidosauriens et les Archosauriens (droite). Récemment ont été découverts des fossiles de tortues montrant clairement des fosses temporales, ce qui fait pencher la balance en faveur de la première hypothèse. Du point de vue de la systématique le résultat est le même: le terme 'Sauropsidés' devient synonyme de 'Diapsides' (nous préférons 'Diapsides'). Les tortues sont donc désormais des Diapsides, même si leur crâne est de type anapside[34].

En rouge le passage à l'état dérivé (acquisition des fosses temporales), en noir le retour à l'état ancestral (perte des fosses temporales).

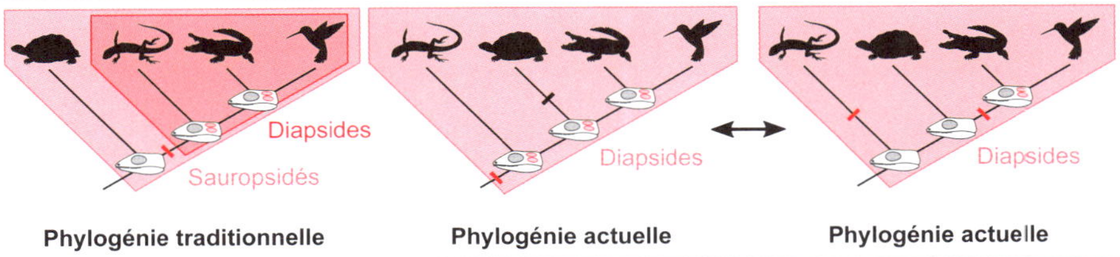

[33] Il y a même un doute à l'heure actuelle sur le fait que le cœlome des Protostomiens et celui des Deutérostomiens soient réellement homologues, voire un doute sur l'homologie du cœlome au sein des Protostomiens.

[34] Pour être tout à fait complet, certaines données paléontologiques plaçaient également depuis quelques années les tortues au sein des Diapsides. Par contre, ces données indiquent une parenté plus forte avec les Lépidosauriens qu'avec les Archosauriens, ce qui entre en conflit avec les données moléculaires qui montrent l'inverse.

déjà que les pertes secondaires étaient possibles (encadré 16), mais le phénomène s'est révélé d'une ampleur bien plus large que ce qui était traditionnellement admis, et il peut visiblement toucher même des caractères morpho-anatomiques ou embryologiques perçus comme fondamentaux. À l'inverse, des caractères tout aussi fondamentaux (comme la métamérie) peuvent faire l'objet d'apparitions indépendantes, ce qui semblait improbable auparavant.

FIGURE 26 Débat sur les relations de parenté à la base de l'arbre des Métazoaires. La phylogénie traditionnelle (1), toujours soutenue par une partie des études de phylogénomique et défendue par la majorité des spécialistes, place les Spongiaires comme groupe frère de tous les autres animaux, puis les Cténophores et enfin les Cnidaires comme groupe frère des Bilatériens. Une phylogénie concurrente (2), soutenue par l'autre partie des études de phylogénomique mais par une minorité de spécialistes, place au contraire les Cténophores en groupe frère de tous les autres animaux. Or, tous les animaux sauf les Spongiaires ont un système nerveux[35]. Dans la phylogénie 1, le système nerveux n'apparaît qu'une seule fois et l'ancêtre des Métazoaires n'en possédait pas. La phylogénie 2 implique un scénario beaucoup plus improbable au premier abord, qui fait couler beaucoup d'encre : soit l'ancêtre des Métazoaires possédait un système nerveux, que les Spongiaires auraient perdu (centre), soit il n'en possédait pas et le système nerveux serait apparu deux fois indépendamment chez les Cténophores et le groupe des Cnidaires et Bilatériens (droite). Il en va de même pour l'appareil digestif et les cellules musculaires, que tous les animaux possèdent sauf les Spongiaires[36]. Au moins une de ces deux phylogénies est fausse, mais en attendant que l'une ou l'autre soit unanimement réfutée, l'image assez claire qu'on pouvait se faire de l'ancêtre de tous les animaux est à l'heure actuelle brouillée et incertaine !

En rouge le passage à l'état dérivé (acquisition d'un système nerveux), en noir le retour à l'état ancestral (perte du système nerveux).

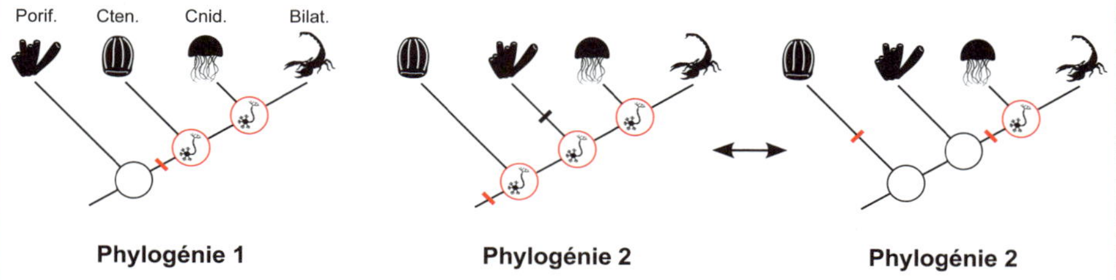

[35] Nous passons sous silence ici le minuscule groupe des Placozoaires (trois espèces recensées en 2019), chez qui il n'y a pas non plus de système nerveux.

[36] Et les Placozoaires.

ENCADRÉ 16 | Les pertes secondaires

Le phénomène de perte secondaire de structures morpho-anatomiques qui étaient présentes chez les ancêtres était connu bien avant les phylogénies moléculaires. Il s'est imposé dès la prise de conscience que la classification avait une dimension historique (cf. **Chapitre 4, section 1**). Quand les systématiciens s'accordaient à dire qu'un groupe chez qui une structure est absente se place au sein de groupes qui possèdent cette structure, c'est que celle-ci devait être présente chez l'ancêtre commun et qu'elle avait été perdue secondairement. Ainsi, les nageoires ou les membres ont été perdus de nombreuses fois indépendamment parmi les Vertébrés : chez les Actinoptérygiens, les murènes ont perdu leurs nageoires paires ; chez les Lissamphibiens, les Gymnophiones (ou cécilies) ont perdu leurs pattes ; chez les Lépidosauriens, les Serpents et de nombreux 'lézards' ont perdu leurs pattes (les orvets ne sont pas des Serpents) ; chez les Mammifères, les Cétacés et les Siréniens ont perdu leurs pattes postérieures. Ce ne sont que quelques exemples. Parmi d'autres révélés plus récemment : les Plathelminthes ont perdu leur anus, les Cestodes (ou ténias) ont perdu tout leur appareil digestif, les Annélides Clitellates (lombrics et sangsues notamment) ont perdu leurs appendices locomoteurs appelés parapodes, ou encore les Mollusques Bivalves (moules, huîtres, etc.) ont carrément perdu leur tête !

La remise en cause provoquée par la cladistique et surtout par les phylogénies moléculaires va au-delà d'une simple révision de la classification et des scénarios évolutifs. Elle touche en fait au cœur des conceptions les plus profondément ancrées dans les discours sur le vivant, dont l'origine remonte à l'Antiquité. Depuis Aristote en effet, une vision hiérarchique (certains 'valent mieux' que d'autres) a toujours prévalu (cf. **Chapitre 1, section 2**). Qu'on ait adhéré à l'échelle des êtres ou pas, qu'on ait perçu les animaux comme une série continue ou une collection d'entités séparées, qu'on ait accepté l'évolution ou non, il n'a jamais fait de doute historiquement que certains animaux étaient 'supérieurs' à d'autres. Qu'on les ait appelés 'supérieurs', 'plus parfaits', 'plus perfectionnés', 'plus complexes', 'plus évolués' ou 'plus avancés sur l'échelle du progrès' n'y change pas grand-chose. L'idée a toujours été qu'on pouvait hiérarchiser les animaux les uns par rapport aux autres, ceux-ci étant plus simples/imparfaits/inférieurs/primitifs/archaïques quand ceux-ci étaient plus complexes/parfaits/supérieurs/évolués. Quand on a réalisé que la classification devait raconter l'histoire du vivant, le scénario global s'est immédiatement imposé : les formes 'simples' étaient apparues les premières puis, à partir de ces formes simples étaient apparues des formes de plus en plus 'complexes' et 'évoluées'. L'idée est clairement affirmée dès Haeckel (cf. **Chapitre 4, section 2.2**) et on la retrouve toujours dans les manuels de zoologie des années 1980 (**section 3.1**). C'est le cœur de la vision gradiste de l'évolution (cf. **Chapitre 5, section 1**). Ainsi, les protozoaires seraient apparus avant les métazoaires. Au sein des métazoaires, les diploblastiques seraient apparus avant les bilatériens (triploblastiques). Au sein des bilatériens les acœlomates seraient apparus avant les cœlomates. Au sein des vertébrés les cyclostomes (sans mâchoires articulées) seraient apparus avant les gnathostomes. Au sein des gnathostomes il y aurait eu d'abord les poissons, puis les amphibiens, les reptiles – la fameuse 'conquête du milieu terrestre' – et enfin les oiseaux et les mammifères, le 'sommet de l'évolution'. La révolution conceptuelle qu'a initiée la cladistique, et qui s'est amplifiée depuis le milieu des années 1990, c'est d'abord que *cette vision est fausse*. Les grades sont un concept caduc, le progrès est une notion totalement subjective et donc à oublier, les groupes taxinomiques actuels ne descendent pas d'autres groupes taxinomiques actuels (ils en sont plus ou moins proches parents), tous les animaux actuels sont aussi 'évolués' les uns que les autres car ils sont issus de lignées ayant la même durée d'évolution (depuis l'ancêtre commun des Métazoaires), et surtout, l'idée d'une évolution allant du simple au toujours plus complexe (au toujours 'mieux') est une méprise. Même en admettant qu'on puisse réduire la 'complexité' d'un organisme à sa complexité morpho-anatomique – car c'est de ça dont il est question quand on dit qu'un animal est plus 'simple' qu'un autre[37] –, il n'est pas vrai que l'évolution produise des formes toujours plus complexes. Bien sûr, une forme complexe apparaît toujours à partir d'une forme plus simple. Mais une forme simple peut parfaitement apparaître à partir d'une forme plus complexe. Pour s'en convaincre, il suffit de regarder comment la dichotomie la plus fondamentale au sein des bilatériens – acœlomates *vs.* cœlomates – est tombée à plat : les acœlomates sont tous des cœlomates secondairement 'simplifiés' par la perte de leur cœlome. Pire encore, les acœlomates (et les pseudocœlomates) sont en fait totalement polyphylétiques : le cœlome a été perdu *de multiples fois* indépendamment, ce qui prouve que ce n'est pas un évènement exceptionnel.

Et ce n'est pas fini. Les phylogénies moléculaires ont permis non seulement de préciser la position d'embranchements animaux dont on peinait à établir les relations de parenté[38], mais elles ont aussi placé certains embranchements… au cœur d'autres embranchements. Ainsi les Myxozoaires (longtemps considérés comme un embranchement de protozoaires) sont en fait des Cnidaires, les Acanthocéphales sont en fait des Rotifères, et les Annélides font d'une pierre trois coups puisqu'ils intègrent désormais trois embranchements encore autonomes au début

---

[37] Opérer une telle réduction revient pourtant à occulter au moins deux aspects très importants de la complexité : la complexité du métabolisme et celle du génome. Le métabolisme d'une éponge n'a rien à 'envier' à celui d'un humain. De même, la taille d'un génome de nématode et celle d'un génome humain sont comparables. On pourrait également défendre une certaine complexité 'écologique', qui pourrait être basée sur la complexité du réseau d'interactions dans lequel un organisme est engagé, ou la taille de sa niche écologique.

[38] Il reste toutefois encore beaucoup de travail pour que tous les embranchements trouvent leur juste place.

des années 2000 : les Siponcles, les Pogonophores et les Échiuriens[39]. Il est vrai que ces cinq embranchements peuvent paraître un peu anecdotiques, mais leur nouveau positionnement ne l'est pas du tout. En effet, depuis Cuvier, un embranchement est défini par son plan d'organisation : tous les animaux d'un embranchement sont fondamentalement construits autour du même 'type', et n'en varient qu'à la marge (cf. **Chapitre 3, section 2.2**). C'est pour cette raison que les Myxozoaires, Acanthocéphales, Siponcles, Pogonophores et Échiuriens ont été définis, à l'origine, comme des embranchements puisque leur organisation ne correspondait à un aucun type existant. Déplacer ces embranchements au cœur d'autres embranchements, c'est faire la démonstration que tous les animaux d'un embranchement donné ne partagent pas forcément le même plan d'organisation. L'exemple des Annélides est particulièrement frappant. Le caractère fondamental du plan d'organisation des Annélides est la métamérie. Or les Siponcles, les Pogonophores et les Échiuriens ne sont pas métamérisés. En un mot, la notion même de plan d'organisation s'effondre. L'évolution est beaucoup moins contrainte que ce qu'on pensait jusque récemment, et les caractères morpho-anatomiques comme embryologiques sont bien plus plastiques qu'il n'y paraît. Les homoplasies sont très fréquentes, même pour des caractères aussi fondamentaux que la métamérie ou le cœlome, et la diversité structurale intra-embranchement n'est potentiellement pas plus limitée que la diversité inter-embranchement.

Que reste-t-il donc aujourd'hui des conceptions traditionnelles ? Le dernier vestige est probablement la hiérarchie linnéenne des rangs taxinomiques (cf. **Chapitre 3, section 2.2**). Mais elle-même commence à vaciller… De Linné jusqu'à la systématique évolutionniste, les rangs taxinomiques étaient attribués subjectivement, pour désigner des groupes dont on estimait qu'ils sont d'importance comparable. La cladistique, rejetant la subjectivité de la systématique évolutionniste, a introduit le fait que deux groupes frères doivent se voir attribuer le même rang (cf. **Chapitre 5, section 3.1**). Ainsi par exemple, si l'on conserve le rang traditionnel de classe pour les Mammifères, les Oiseaux, qui en était habituellement une aussi, doivent se voir attribuer un rang inférieur (figure 27). Dès lors, si l'on vide de sa substance le concept traditionnel de rang taxinomique – ce qui est incontournable puisque la systématique évolutionniste, et ses principes avec elle, a été abandonnée au profit des principes de la cladistique –, on peut se demander si ces rangs ont encore une utilité. Certains souhaitent les conserver car ils permettent de 'baliser' l'immensité de la systématique et de s'y retrouver plus facilement. D'autres préfèrent les abandonner car ils rajoutent une couche d'information sans intérêt. Typiquement, dans les articles de phylogénomique actuels il n'est souvent plus question de rangs taxinomiques.

[39] Les contours des Siponcles et des Échiuriens n'ont pas changé bien qu'ils soient désormais inclus dans les Annélides. Les Pogonophores, quant à eux, ont été intégrés aux Siboglinidés.

FIGURE 27 Phylogénie actuelle des Amniotes. Le groupe frère des Mammifères est le celui des Diapsides. Si les Mammifères sont une classe, les Diapsides doivent aussi être une classe. Les Oiseaux devraient donc nécessairement être d'un rang inférieur.

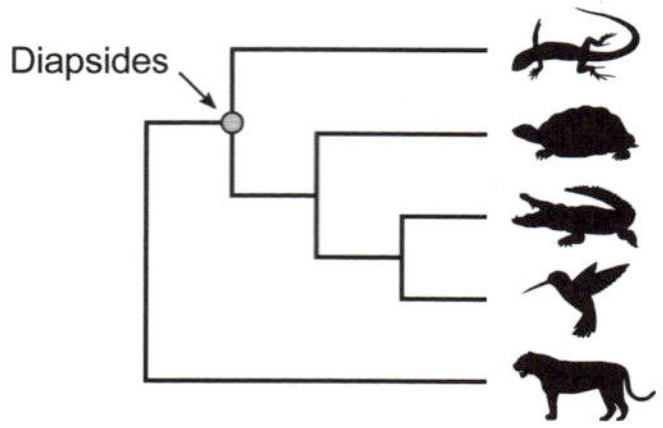

Conclusion

La systématique a connu deux révolutions. La première, uniquement conceptuelle car sans grand impact sur la pratique quotidienne des spécialistes, est la réalisation de la dimension historique de la classification. La seconde, à la fois opérationnelle et conceptuelle, est l'émergence des caractères moléculaires et le développement de nouvelles méthodes de reconstruction phylogénétique, et la remise en cause des discours qui prévalaient depuis des siècles. La vision hiérarchique du vivant et les discours évolutifs relativement linéaires empreints de progrès doivent être abandonnés, tout comme le concept de plan d'organisation (qui était la boussole des zoologistes depuis le début du XIXe siècle), voire même les rangs taxinomiques. Ce ne sont pas de simples ajustements sémantiques, mais bien un chamboulement profond des mentalités. Est-ce à dire pour autant qu'il faut tout oublier du passé ? Bien sûr que non. Si la cladistique et les phylogénies moléculaires ont sérieusement bousculé la systématique traditionnelle, de très nombreux groupes établis sur la base de caractères morpho-anatomiques ou embryologiques ont été validés : les Bilatériens, les Protostomiens et les Deutérostomiens[40], les Chordés, les Vertébrés, les Gnathostomes, etc. Au-delà de ces groupes, quasiment tous les embranchements traditionnels ont été validés, ainsi que de nombreuses sous-divisions de rang inférieur. Les systématiciens du passé, en particulier ceux du XIXe siècle, ont fait un travail absolument remarquable qui reste en grande partie d'actualité. Ce qui a été bouleversé n'est pas tellement le contour des embranchements mais les relations qui unissent ces embranchements d'un point de vue historique, et la manière de raconter cette histoire. Cela fait tout de même déjà beaucoup. La preuve qu'un changement des mentalités est une chose très difficile à accomplir est que depuis 30 à 40 ans que la révolution conceptuelle est à l'œuvre, elle n'est toujours pas achevée. Elle l'est chez les chercheurs en systématique, qui sont les premiers concernés. De grands progrès ont été réalisés dans l'enseignement primaire et secondaire. Les deux bastions chez qui les choses avancent plus lentement, expliquant que la mutation est pour l'heure impossible dans le grand public, sont d'une part le monde médiatique – car les notions de groupes 'inférieurs' et 'supérieurs', d'évolution qui va toujours vers le 'mieux' et de 'chaînon manquant' sont à la fois simples, très parlantes et potentiellement spectaculaires – et d'autre part, paradoxalement, l'enseignement

[40] Dont il faudrait changer le nom et dont les contours ont été revus, mais il reste le fait que les Bilatériens se divisent fondamentalement en deux groupes dont les embranchements emblématiques (Annélides, Arthropodes, Mollusques, Échinodermes, Chordés) étaient déjà bien identifiés.

supérieur. L'inertie est en effet assez marquée dans l'enseignement supérieur, non pas car les universitaires sont plus conservateurs que les autres, mais probablement car plus on est spécialiste de zoologie, plus on a été marqué, formé, 'forgé' par les discours traditionnels. Le fait, par exemple, d'encore trouver les protozoaires dans certains cours de zoologie n'est dû à rien d'autre qu'au poids des traditions, car cela n'a aucune justification scientifique aujourd'hui. Un facteur important qui aggrave cette inertie est que les manuels de zoologie de référence des années 1980… sont toujours des manuels de référence de nos jours. Dès lors, il est difficile pour les étudiants de faire la part des choses entre un fond scientifique de très haute qualité, et un discours évolutif pour bonne partie dépassé[41].

Quoi qu'il en soit, la systématique continue de se préciser petit à petit. C'est un champ très dynamique, où les nouveautés, confirmations, remises en cause et autres controverses sont régulières. Cela peut d'ailleurs être perturbant, car on peut sérieusement avoir l'impression que la classification 'change tout le temps'[42] ! C'est assez vrai, et cela ne facilite ni son enseignement ni son apprentissage. La classification traditionnelle telle que pratiquée par les systématiciens évolutionnistes avait du bon : le système étant celui des 'phylogénies d'auteurs', celles-ci étaient plutôt stables. Tant que l'autorité d'un systématicien était reconnue, on acceptait en bloc sa phylogénie et la classification qui va avec. Depuis l'essor des méthodes formalisées (cladistique version maximum de parcimonie, approches probabilistes), la logique a changé. Tout nœud d'un arbre peut être remis en question. Tout devient hypothèse testable, et donc réfutable. Tel nœud peut être validé, quand tel autre de la même phylogénie peut être réfuté. Il n'y a ainsi plus de phylogénies d'auteurs, mais des collections de phylogénies dont on essaie de dégager un consensus. La 'preuve' est dans le consensus, pas dans l'affirmation personnelle[43]. L'exercice est autrement plus difficile qu'auparavant, car il faut suivre les avancées permanentes de la recherche pour en faire une synthèse, qui ne vaut toujours qu'au moment où elle est établie. Nous tentons nous-même de tenir à jour une telle synthèse

[41] Il n'est pas question ici de faire un quelconque reproche aux auteurs de ces manuels, qui ont fidèlement retranscrit les conceptions de leur époque comme nous essayons nous-même de retranscrire celles d'aujourd'hui. Les auteurs de manuels actuels qui continuent à véhiculer des conceptions dépassées sont moins pardonnables…

[42] Il n'y a bien qu'une seule classification naturelle 'vraie', car il n'y a qu'une seule histoire du vivant (cf. **Chapitre 4**, **section 1**). Les multiples classifications 'naturelles' qui ont été proposées jusqu'aujourd'hui, et qui seront proposées dans le futur, doivent être vues comme des tentatives d'établir cette unique classification vraie.

[43] Pour cette raison, il n'y a plus tellement de 'grands noms' auxquels on peut associer une phylogénie particulière. Ce sont de multiples équipes de recherche qui publient leurs résultats, chacune apportant sa pierre à l'édifice. On peut tout de même citer des chercheurs à la renommée importante, sans oublier que le travail de recherche est toujours collectif : Casey Dunn, Gregory Edgecombe, Gonzalo Giribet, Kenneth Halanych, Kevin Kocot, Christopher Laumer, Hervé Philippe, Davide Pisani, Noriyuki Satoh, Sabrina Simon, Torsten Struck, Nathan Whelan, etc.

'en temps réel', qui est disponible à l'adresse internet suivante et dont nous présentons ici une version simplifiée (figure 28) :

https://sites.google.com/site/systematiquemetazoaires

FIGURE 28 Arbre phylogénétique actuel des Métazoaires (version simplifiée ne comprenant que les principaux 'embranchements', avec un zoom sur les Vertébrés). Cette synthèse prend en compte tous les articles de phylogénomique publiés jusqu'en novembre 2019.

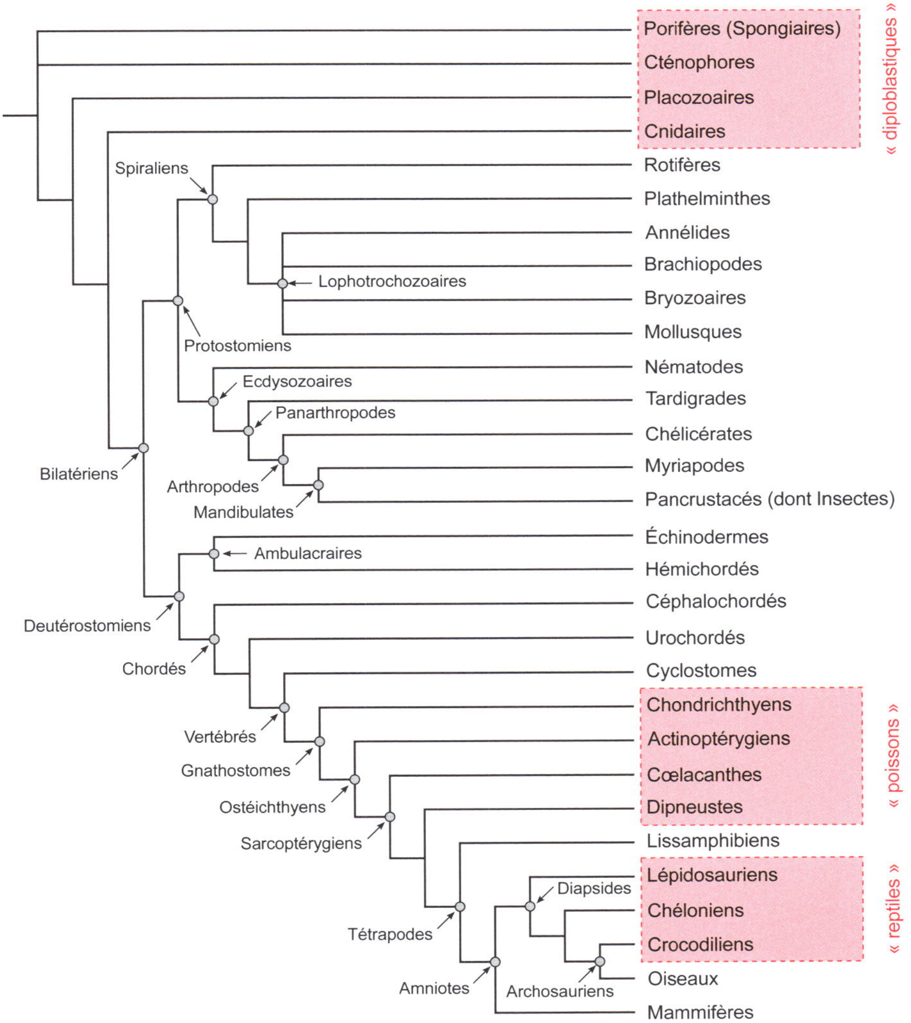

Lexique

ANAGENÈSE. Processus par lequel une **lignée évolutive** se transforme au cours du temps, conduisant à une succession d'espèces issues les unes des autres sans augmentation du nombre d'espèces à un instant donné (sans bifurcation). S'oppose à la **cladogenèse**.

ANALOGIE. Telle qu'initialement formulée par Owen dans la première moitié du XIXe siècle: « Un organe d'un animal qui a la même fonction qu'un autre organe chez un autre animal. », autrement dit une similitude de fonction entre deux organes non **homologues**. Après que Darwin et Wallace eurent montré que les espèces évoluaient par **divergence avec modification**, l'analogie devint un **caractère** partagé entre plusieurs espèces acquis indépendamment, non hérité d'un **ancêtre commun**. En **systématique**, l'analogie est aujourd'hui considérée comme un type d'**homoplasie**.

ANCÊTRE COMMUN. Espèce à partir de laquelle plusieurs espèces se sont par la suite différenciées, par un processus de **cladogenèse**. En **systématique** actuelle, basée uniquement sur la **parenté** et non sur la **généalogie**, un ancêtre commun est toujours hypothétique. C'est une construction théorique, un assemblage de **caractères** qu'on infère à partir de l'observation d'espèces (actuelles ou fossiles) descendant de cet ancêtre. On parle de 'mosaïque de caractères' (cf. **Chapitre 5, section 3.2**). Reconstituer les ancêtres communs n'est possible que si la méthode de **reconstruction phylogénétique** utilisée est basée sur les caractères eux-mêmes et non sur une **matrice de distance** (cf. **Chapitre 6, section 2.2**). Attention, l'état des caractères présents chez un ancêtre commun n'est toujours qu'une hypothèse. Celle-ci peut acquérir une grande probabilité si de nombreux résultats indépendants la soutiennent, mais rien n'assure que le véritable ancêtre commun était bien constitué ainsi.

APOMORPHE/APOMORPHIE. Voir **Homologie**.

ARBRE CONSENSUS. En **reconstruction phylogénétique**, **dendrogramme** faisant la synthèse de plusieurs dendrogrammes partiellement contradictoires (cf. **Chapitre 5, section 3.2**). Le niveau de consensus peut être plus ou moins strict (exemple: avec un consensus de 50 % les nœuds présents dans au moins 50 % des dendrogrammes sont conservés, avec un consensus de 100 % seuls les nœuds présents dans tous les dendrogrammes sont conservés). Un arbre consensus contient fréquemment, mais pas obligatoirement, des **irrésolutions**.

ARBRE PHYLOGÉNÉTIQUE. En **systématique** actuelle, **dendrogramme** reconstruisant une **phylogénie** (**cladogramme** ou **phylogramme**). Seules des relations de **parenté** ('qui est plus proche parent de qui') sont représentées. Un arbre phylogénétique n'est donc pas un arbre **généalogique**.

ARTEFACT D'ATTRACTION DES LONGUES BRANCHES. Biais important en **reconstruction phylogénétique**, qui cause le regroupement, souvent à la base du **dendrogramme**, des espèces évoluant le plus rapidement même si celles-ci sont éloignées dans la **phylogénie** réelle (cf. **Chapitre 6, section 2.1** encadré 9).

ATTRIBUT. Voir **Caractère**.

AUTAPOMORPHIE. Voir **Homologie**.

BALANCEMENT DES ORGANES. Voir **Principe de balancement des organes**.

BIAIS DE COMPOSITION EN BASES. Biais important en **reconstruction phylogénétique** de **phylogénies moléculaires**, dû au fait que la fréquence des différents nucléotides (ou acides aminés) varie d'une séquence à l'autre. Ce biais est minimisé par l'utilisation de **modèles d'évolution** permettant de prendre en compte ces différences de fréquences.

BOOTSTRAP. Voir **Robustesse d'une phylogénie**.

CARACTÈRE. Synonyme d'attribut. Caractéristique observable sur un organisme. Peut être morphologique, anatomique, embryologique, moléculaire (séquence de nucléotides dans un acide nucléique [ADN ou ARN], séquence d'acides aminés dans une protéine), comportemental, géographique, écologique, etc.

CARACTÈRE ANCESTRAL/DÉRIVÉ. Voir **Homologie**.

CARACTÈRE INFORMATIF. En **reconstruction phylogénétique**, **caractère** qui permet d'établir des relations de **parenté**. Le caractère doit pour cela être à l'**état dérivé** chez au moins deux espèces du **groupe d'intérêt**, mais pas toutes (**Chapitre 5, section 3.2**).

CHAÎNE DES ÊTRES. Voir **Échelle des êtres**.

CHAÎNON MANQUANT. Espèce fossile à morphologie intermédiaire entre deux **taxons** dont l'un descend de l'autre, désignée comme l'ancêtre du taxon dérivé (cf. **Chapitre 5, section 1**). Concept **généalogique** typique de l'école de **systématique évolutionniste**, qui n'a plus lieu d'être en **systématique** actuelle (cf. **Chapitre 6, section 3.3**).

CLADE. Unité de descendance, formée suite à un processus de **cladogenèse**. Un clade comprend un **ancêtre commun** et tous ses descendants. Synonyme de **taxon** et de **groupe monophylétique** en **systématique** actuelle.

CLADISTIQUE. L'une des trois écoles de **systématique** du XXe siècle (avec la **systématique évolutionniste** et la **phénétique numérique**), fondée par Hennig et aussi appelée systématique **phylogénétique**. École qui considère que les classifications doivent être construites en tenant compte seulement de la **parenté** entre organismes (de telles classifications sont dites phylogénétiques). Un **taxon** doit ainsi être une stricte unité de descendance (un **clade**), peu importe qu'il soit homogène sur le plan morpho-anatomique ou non (cf. **Chapitre 5, section 3.1**). Les clades ne sont construits que sur la base de **synapomorphies**. La méthode cladiste est une méthode de **reconstruction phylogénétique** basée sur les **caractères**. Historiquement, elle fait appel au **maximum de parcimonie** et produit des **dendrogrammes** de type **cladogramme** (cf. **Chapitre 5, section 3.2**). Plus récemment, d'autres méthodes ont été développées (les **méthodes probabilistes**) qui respectent les principes de la cladistique mais utilisent d'autres procédés pour la reconstruction des **phylogénies**, et produisent des dendrogrammes de type **phylogramme**.

CLADOGENÈSE. Processus par lequel une espèce mère se scinde en plusieurs espèces filles (deux **lignées évolutives** sont formées à partir d'une seule lignée initiale). L'espèce mère est appelée **ancêtre commun** et les espèces filles sont des **groupes frères**. La cladogenèse est à l'origine des **clades**. S'oppose à l'**anagenèse**.

CLADOGRAMME. Type de **dendrogramme** résultant d'une approche de **cladistique**, qui montre des relations de **parenté** ('qui est le plus proche parent de qui'). La longueur des branches d'un cladogramme est arbitraire. Le cladogramme est l'une des formes possibles d'**arbre phylogénétique** en **systématique** actuelle (avec le **phylogramme**).

CLASSIFICATION. Voir **Systématique**.

CLASSIFICATION BIOLOGIQUE. Voir **Systématique évolutionniste**.

CLASSIFICATION PHYLOGÉNÉTIQUE. Voir **Cladistique**.

CLASSIFICATION TRADITIONNELLE. Voir **Systématique évolutionniste**.

CLÉ DE DÉTERMINATION. Outil permettant d'identifier un organisme selon une **démarche descendante par division**. Il existe une infinité de clés de détermination possibles pour identifier les mêmes organismes, car le seul objectif d'une clé est d'identifier correctement les organismes en présence (peu importe la manière). Une clé de détermination s'oppose fondamentalement, dans sa construction et ses objectifs, à une **classification**.

CONVERGENCE. Voir **Homoplasie**.

CORRÉLATION DES FORMES. Voir **Principe de corrélation des formes**.

DÉMARCHE ASCENDANTE PAR AGGLOMÉRATION. Approche par laquelle un **dendrogramme** est créé en rassemblant des objets (biologiques ou non), petit à petit, jusqu'à ne plus former qu'un seul groupe les contenant tous (cf. **Chapitre 1, section 1** encadré 2). S'oppose à une **démarche descendante par division**.

DÉMARCHE DESCENDANTE PAR DIVISION. Approche par laquelle un **dendrogramme** est créé en divisant un ensemble d'objets (biologiques ou non), petit à petit, jusqu'à ce qu'ils soient tous isolés les uns des autres (cf. **Chapitre 1, section 1** encadré 2). S'oppose à une **démarche ascendante par agglomération**.

DENDROGRAMME. Représentation graphique d'une **hiérarchie** de **groupes emboîtés**, constituée de branches (parties linéaires) et de nœuds (bifurcations). Un dendrogramme peut comporter une racine (une origine) ou non – on dit qu'il est raciné ou non raciné. Le dendrogramme est la forme prise par les arbres en **classification** moderne. Il existe plusieurs types de dendrogramme, dont le **phénogramme** dans le cadre non **phylogénétique** de la **phénétique**, le **cladogramme** dans le cadre phylogénétique de la **cladistique**, ou le **phylogramme** dans le cadre phylogénétique quand des **distances évolutives** sont représentées.

DESCENDANCE AVEC MODIFICATION. Théorie proposée par Darwin et Wallace selon laquelle toutes les espèces sont liées par leur histoire évolutive et le partage d'**ancêtres communs** plus ou moins éloignés dans le temps. La descendance avec modification révolutionna le sens à donner à la **systématique** et à l'**ordre naturel**, et unifia de nombreuses disciplines dans un cadre conceptuel commun : anatomie, physiologie, embryologie, systématique, paléontologie, biogéographie (cf. **Chapitre 4, section 1**). La formulation originale, due à Darwin, est *descent with modification*. Attention, le mot *descent* est habituellement traduit par 'descendance' mais il veut tout aussi bien dire 'ascendance'. Une traduction plus neutre de *descent* est 'filiation'.

DISTANCE ÉVOLUTIVE. Quantité de changements évolutifs séparant deux **taxons**, qui est le produit d'un taux de changement et d'un temps écoulé depuis la divergence de ces deux taxons de leur **ancêtre commun**. Notion employée essentiellement en **phylogénie moléculaire**, où son calcul repose sur un **modèle d'évolution**.

Les méthodes de **reconstruction phylogénétique** utilisant la notion de distance évolutive (méthodes basées sur une **matrice de distance** et **méthodes probabilistes**) produisent des **dendrogrammes** de type **phylogramme**.

DOUBLE PARALLÉLISME. Voir **Loi de Meckel-Serres.**

ÉCHELLE DES ÊTRES. Synonyme de chaîne des êtres. Vision **hiérarchique** du monde héritée d'Aristote dans laquelle les organismes vivants, les minéraux et les éléments sont ordonnées selon une série linéaire et continue (unique et sans interruption) qui culmine avec l'Homme (cf. **Chapitre 1, section 2**). Au Moyen Âge l'échelle des êtres est appelée *scala naturae* ('échelle de la nature') et comprend également les anges et Dieu.

ÉTAT ANCESTRAL/DÉRIVÉ. Voir **Homologie**.

ÉVÈNEMENT ÉVOLUTIF. En **reconstruction phylogénétique**, changement d'état d'un **caractère** (voir **Homologie**).

ÉVOLUTION MINIMUM. Méthode de **reconstruction phylogénétique** due à Cavalli-Sforza et Edwards, selon laquelle le **phylogramme** privilégié est celui qui permet de minimiser la somme des longueurs de toutes les branches (cf. **Chapitre 6, section 2.1**). La méthode s'appuie sur le **principe d'évolution minimum**.

GÉNÉALOGIE. Succession d'ancêtres et de descendants identifiés. Un arbre généalogique montre 'qui descend de qui'. Notion typique de l'école de **systématique évolutionniste**, qui n'a plus lieu d'être en **systématique** actuelle (cf. **Chapitre 6, section 3.3**). La systématique actuelle repose sur des **arbres phylogénétiques**, qui montrent des relations de **parenté** ('qui est le plus proche parent de qui').

GRADE. Groupe d'organismes homogène du point de vue morpho-anatomique, caractérisé par un certain niveau sur l'échelle du **progrès évolutif**. Participe d'une vision **hiérarchique** du monde dans laquelle on passe d'organismes simples/imparfaits/inférieurs/primitifs/archaïques à des organismes plus complexes/parfaits/supérieurs/évolués (exemple: 'le grade des protozoaires est inférieur au grade des métazoaires') (cf. **Chapitre 4, section 2.2** et **Chapitre 5, section 1**). Le grade supérieur est toujours un **groupe positif** tandis que le grade inférieur est un **groupe négatif**. Notion typique de l'école de **systématique évolutionniste**, qui n'a plus lieu d'être en **systématique** actuelle (cf. **Chapitre 6, section 3.3**).

GRADISME. Voir **Systématique évolutionniste**.

GROUPE ARTIFICIEL. Voir **Groupe naturel**.

GROUPE D'INTÉRÊT. En **reconstruction phylogénétique**, groupe minimal réunissant les espèces dont on souhaite établir les relations de **parenté**. La définition du groupe d'intérêt permet de choisir un **groupe extérieur** pertinent (cf. **Chapitre 5, section 3.2**).

GROUPE EXTÉRIEUR. En **reconstruction phylogénétique**, **taxon** (ou ensemble de taxons) extérieur au **groupe d'intérêt** (sans en être trop éloigné pour autant, sous peine qu'il y ait trop peu de **caractères** communs à comparer avec le groupe d'intérêt). Le groupe extérieur permet la **polarisation des caractères** car il montre en principe l'**état ancestral** de ces caractères (cf. **Chapitre 5, section 3.2**), et permet lorsque c'est possible de réduire le phénomène d'**artefact d'attraction des longues branches** en **reconstruction phylogénétique**. Appelé *outgroup* en anglais.

GROUPE MONOPHYLÉTIQUE/PARAPHYLÉTIQUE/POLYPHYLÉTIQUE. Un groupe monophylétique est un groupe qui contient un **ancêtre commun** et, selon l'école de **systématique**, soit tout ou partie de ses descendants (**systématique évolutionniste**) soit tous ses descendants sans exception (**cladistique**). En systématique évolutionniste un groupe monophylétique est construit sur une **homologie**, peu importe la nature de celle-ci. En cladistique un groupe monophylétique est construit sur un seul type d'homologie, la **synapomorphie**. La notion de groupe paraphylétique n'existe qu'en cladistique et désigne un groupe qui contient un ancêtre commun et une partie seulement de ses descendants, et qui est construit sur une homologie de type **symplésiomorphie** – un groupe paraphylétique en cladistique est reconnu comme monophylétique en systématique évolutionniste. Un groupe polyphylétique est un groupe construit sur une **homoplasie** (cf. **Chapitre 5, section 3.1**). La systématique actuelle reposant sur les principes de la cladistique, elle reconnaît les groupes monophylétiques au sens de la cladistique, les groupes paraphylétiques et les groupes polyphylétiques. Seuls les groupes monophylétiques sont valides. Aujourd'hui, un groupe monophylétique est donc synonyme de **clade** et de **taxon**.

GROUPE NATUREL. Ensemble d'espèces 'réellement présent dans la nature', c'est-à-dire dont les contours sont objectifs et ne dépendent pas de l'opinion du systématicien. Un groupe non naturel est dit artificiel. Les groupes naturels sont révélés dans un **système naturel**. Selon les époques et les écoles de pensée, la définition de ce qu'est un groupe naturel varie. Pour ce qui est des trois écoles du XXe siècle : la **cladistique** considère qu'un groupe naturel est une stricte communauté d'ascendance (un **clade**), la **phénétique numérique** considère que c'est un ensemble homogène du point du vue de la similarité globale, la **systématique évolutionniste** considère que c'est un groupe qui a une ascendance commune directe et qui est homogène du point de vue de la similarité globale. En **systématique** actuelle, qui repose sur les principes de la cladistique, un groupe naturel est un clade.

GROUPE POSITIF/NÉGATIF. Un groupe positif est un groupe défini par un **caractère** qui lui est propre, tandis qu'un groupe négatif est un groupe défini en miroir d'un groupe positif, c'est-à-dire qu'il contient les animaux qui n'appartiennent pas au groupe positif. Le nom d'un groupe négatif commence typiquement par les préfixes privatifs *a* – ou *in* –. Par exemple, les vertébrés sont un groupe positif (ils ont comme caractère commun de posséder une colonne vertébrale) alors que les invertébrés sont un groupe négatif (ce sont tous les animaux qui ne sont pas des vertébrés). Un groupe négatif a toutes les chances d'être un groupe paraphylétique (**voir Groupe monophylétique/paraphylétique/polyphylétique**), donc invalide en **systématique** actuelle (cf. **Chapitre 5, section 3.2**).

GROUPES EMBOÎTÉS. Groupes dont l'un est entièrement contenu dans l'autre. Un ensemble de groupes emboîtés forme une **hiérarchie** et peut être représenté par un **dendrogramme**. En **systématique**, chaque groupe, quel que soit son niveau dans la hiérarchie, est un **taxon**. Les différents niveaux d'emboîtement se voient traditionnellement attribuer un **rang taxinomique**.

GROUPES FRÈRES. Clades descendant directement d'un même **ancêtre commun**, suite à un processus de **cladogenèse**.

HIÉRARCHIE. Peut désigner l'emboîtement des **rangs taxinomiques** (organisation hiérarchique de la **classification** dite **hiérarchie linnéenne des rangs taxinomiques**) ou une vision du monde dans laquelle certains organismes 'valent mieux' que d'autres (exemples : 'les vertébrés sont supérieurs aux invertébrés', 'les mammifères sont les plus parfaits des animaux'). Dans son second sens, l'idée de hiérarchie est associée à celle de **progrès évolutif** à partir de la fin du XIXe siècle. Ce second sens n'a plus lieu d'être en **systématique** actuelle (cf. **Chapitre 6, section 3.3**).

HIÉRARCHIE LINNÉENNE DES RANGS TAXINOMIQUES. Emboîtement **hiérarchique** des **rangs taxinomiques** traditionnels : sous-espèce (= variété en botanique) < espèce < genre < famille < ordre < classe < embranchement (= phylum, = division en botanique) < règne. L'emboîtement espèce < genre < classe date du XVIe siècle, mais ces trois termes n'ont été définis clairement qu'avec Tournefort (cf. **Chapitre 2, section 2**). Linné a ajouté les rangs de variété, ordre et règne (cf. **Chapitre 2, section 3**). Latreille a formalisé le rang de famille (qui existait déjà) comme intermédiaire entre genre et ordre, tandis que Cuvier a ajouté le rang d'embranchement (cf. **Chapitre 3, section 2.2**). On peut trouver d'autres rangs taxinomiques comme la tribu (entre le genre et la famille) ou le domaine (= empire, au-dessus du règne), ainsi que de nombreux rangs intermédiaires dérivés des rangs principaux (sous-embranchement, infra-classe, super-famille, etc.).

HOMOLOGIE. Telle qu'initialement formulée par Owen dans la première moitié du XIXe siècle : « Le même organe dans différents animaux sous toutes les variétés possibles de forme et de fonction. » En pratique, deux organes sont homologues s'ils ont la même position dans le **plan d'organisation**, donc une même origine embryologique (voir **Principe des connexions**). Après que Darwin et Wallace eurent montré que les espèces évoluaient par **divergence avec modification**, l'homologie devint un **caractère** partagé par plusieurs **taxons** du fait de leur ascendance commune (le caractère était présent chez l'**ancêtre commun**). La **cladistique** distingue deux types d'homologie selon que le caractère partagé est à l'état ancestral (ou plésiomorphe) ou à l'état dérivé (ou apomorphe), l'état dérivé apparaissant toujours à partir de l'état ancestral. En pratique on rencontre des symplésiomorphies (plésiomorphies [= homologies à l'état ancestral] partagées par plusieurs taxons), des synapomorphies (apomorphies [= homologies à l'état dérivé] partagées par plusieurs taxons) et des autapomorphies (apomorphies propres à un seul taxon) (cf. **Chapitre 5, section 3.2** encadré 6). Les symplésiomorphies ne permettent que de former des **groupes paraphylétiques** (ou **groupes négatifs**), invalides en **systématique** actuelle, tandis que les synapomorphies permettent de former des **groupes monophylétiques** (ou **groupes positifs** ou **clades**), les seuls valides en systématique actuelle (cf. **Chapitre 5, section 3.2**). La cladistique distingue également les homologies primaires – supposées, avant la **reconstruction phylogénétique** – des homologies secondaires – validées après reconstruction (cf. **Chapitre 5, section 3.2**). L'homologie s'oppose à l'**homoplasie**.

HOMOLOGIE PRIMAIRE/SECONDAIRE. Voir **Homologie.**

HOMOPLASIE. Caractère partagé entre plusieurs **taxons** acquis indépendamment, non hérité d'un **ancêtre commun**. S'oppose à l'**homologie**. L'homoplasie ne permet que de former des **groupes polyphylétiques**, invalides en **systématique** actuelle. On distingue aujourd'hui quatre types d'homoplasie : **l'analogie** (ressemblance fonctionnelle), la convergence (ressemblance structurale), le parallélisme (cas particulier de convergence se produisant dans des **lignées évolutives** proches) et la réversion ('retour à l'**état ancestral**') (cf. **Chapitre 5, section 3.2** encadré 6).

HORLOGE MOLÉCULAIRE. Hypothèse formulée par Zuckerkandl et Pauling selon laquelle le taux de changement évolutif (c'est-à-dire le taux de mutation ou le taux de substitution d'un acide aminé en un autre) est constant au cours du temps et dans toutes les lignées d'une **phylogénie**.

INFÉRENCE BAYÉSIENNE. Méthode probabiliste de **reconstruction phylogénétique** de **phylogénies moléculaires**, qui repose sur un **arbre consensus** où chaque nœud se voit associer une plausibilité. L'arbre est obtenu à partir de très nombreux **phylogrammes** ayant une **vraisemblance** élevée (cf. **Chapitre 6, section 2.2**).

IRRÉSOLUTION. Nœud d'un **dendrogramme** duquel partent plus de deux branches. En **reconstruction phylogénétique**, une irrésolution survient quand on est incapable de définir la séquence de divergences d'**ancêtres communs** successifs (car ces divergences ont eu lieu dans un temps trop court pour que le **signal phylogénétique** soit clair) et est souvent mise en évidence dans un **arbre consensus**.

LIGNÉE ÉVOLUTIVE. Succession linéaire d'espèces issues les unes des autres. Sur un **dendrogramme** de type **cladogramme** ou **phylogramme**, branche qui relie un **ancêtre commun** à n'importe lequel de ses descendants (actuel ou passé).

LOI BIOGÉNÉTIQUE FONDAMENTALE. 'Loi' énoncée par Haeckel, aussi appelée théorie de la récapitulation, selon laquelle « **l'ontogénie** est une récapitulation de la **phylogénie** ». En d'autres termes, plus on se place à un stade précoce du développement embryonnaire d'une espèce, plus l'embryon ressemble à la forme adulte d'un ancêtre lointain (cf. **Chapitre 4, section 2.2**). La loi biogénétique fondamentale est dans le prolongement de la **loi de Meckel-Serres**, à laquelle elle ajoute que la phylogénie est la cause de l'ontogénie. À ne pas confondre avec la **loi de von Baer** (cf. **Chapitre 4, section 2.2** encadré 4).

LOI DE MECKEL-SERRES. 'Loi' énoncée indépendamment par Meckel et par Serres, aussi appelée double parallélisme, selon laquelle les stades successifs du développement embryonnaire rappellent la 'série' des animaux adultes (c'est-à-dire la succession des groupes taxinomiques inférieurs sur l'**échelle des êtres**). La loi de Meckel-Serres établit le parallélisme entre **ontogénie** et **classification**, sans en proposer d'origine. C'est dans la **loi biogénétique fondamentale** d'Haeckel qu'on en trouve la cause : la **phylogénie** (les stades embryonnaires ressemblent aux animaux 'inférieurs' car ces animaux 'inférieurs' sont les ancêtres des animaux 'supérieurs').

LOI DE VON BAER. 'Loi' embryologique énoncée par Baer, selon laquelle les **caractères** les plus généraux (communs à un grand nombre d'animaux) apparaissent les premiers lors du développement embryonnaire, puis des caractères de plus en plus particuliers. Ainsi, plus deux espèces sont proches dans la **classification**, plus leurs embryons se ressemblent jusqu'à un stade avancé de leur développement. À ne pas confondre avec la **loi biogénétique fondamentale** (cf. **Chapitre 4, section 2.2** encadré 4).

MATRICE DE CARACTÈRES. En **cladistique** et selon la méthode historique, tableau dans lequel on code, pour chaque **caractère**, s'il est à l'**état ancestral** (0) ou à l'**état dérivé** (1, éventuellement 2, 3, etc. s'il y a plus de deux états dérivés) chez chacune des espèces dont on souhaite établir les relations de **parenté** (cf. **Chapitre 5, section 3.2**). En **phylogénie moléculaire**, chaque position d'une séquence est un caractère et l'ensemble des séquences alignées constitue la matrice de caractères.

MATRICE DE DISSIMILARITÉ/DISTANCE. Tableau dans lequel une même série d'organismes est placée en lignes et en colonnes, et où dans chaque case est indiquée une mesure de dissimilarité ou de distance entre l'organisme en ligne et l'organisme en colonne. Un tel tableau est carré (il comporte autant de lignes que de colonnes), sa diagonale principale n'est constituée que de zéros (la dissimilarité entre un organisme et lui-même est nulle) et il est symétrique (la dissimilarité entre A et B est la même qu'entre B et A). On parle de dissimilarité quand la mesure est basée sur la similarité globale (le cadre est alors souvent celui de la **phénétique numérique**), de distance quand il s'agit d'une **distance évolutive** (le cadre est alors celui de la **reconstruction phylogénétique**).

MAXIMUM DE PARCIMONIE. Méthode historique de **reconstruction phylogénétique** utilisée en **cladistique**, selon laquelle le **cladogramme** privilégié est celui qui permet de minimiser le nombre d'**évènements évolutifs** (cf. **Chapitre 5, section 3.2**). La méthode s'appuie sur le **principe de parcimonie**.

MAXIMUM DE VRAISEMBLANCE. Méthode probabiliste de **reconstruction phylogénétique** de **phylogénies moléculaires**, selon laquelle le **phylogramme** privilégié est celui qui a la **vraisemblance** la plus élevée (cf. **Chapitre 6, section 2.2**).

MÉTHODE NATURELLE. Méthode permettant de construire le **système naturel**. Historiquement le nom de 'méthode naturelle' est donné à la démarche mise au point par Bernard et Antoine-Laurent de Jussieu (cf. **Chapitre 3, section 1**). Celle-ci repose sur le **principe de subordination des caractères**, qui dit que tout comme les **rangs taxinomiques** sont emboîtés les uns dans les autres dans une **hiérarchie**, les **caractères** sont également hiérarchisés. Ainsi certains caractères permettent de définir la classe, d'autres l'ordre, d'autres le genre, etc. Les caractères ont donc tous une valeur relative, d'autant plus importante qu'ils permettent de définir un rang taxinomique élevé.

MÉTHODES PROBABILISTES. Méthodes de **reconstruction phylogénétique** de **phylogénies moléculaires**, travaillant directement sur les **caractères** et sur la base d'un **modèle d'évolution**. Ces méthodes utilisent la notion de **distance évolutive** et produisent donc des **dendrogrammes** de type **phylogramme**. Elles respectent les principes de la **cladistique** mais procèdent différemment de la méthode cladiste historique, qui repose sur le **maximum de parcimonie**. Les deux approches probabilistes sont le **maximum de vraisemblance** et l'**inférence bayésienne**.

MODÈLE D'ÉVOLUTION. Ensemble d'équations modélisant des probabilités de changements évolutifs. En pratique il s'agit de modèles d'évolution moléculaire, avec des probabilités de mutation d'un nucléotide en un autre ou des probabilités de remplacement d'un acide aminé par un autre (cf. **Chapitre 6, section 2.1** encadré 10 et **section 2.2** encadré 11). Ces modèles permettent de minimiser les effets du phénomène de **saturation mutationnelle**, qui biaise la **reconstruction phylogénétique**. Certains modèles permettent également de minimiser le **biais de composition en bases**, et/ou l'**artefact d'attraction des longues branches**. Les modèles d'évolution servent à calculer des **distances évolutives** utilisées par les méthodes de reconstruction phylogénétique travaillant sur une **matrice de distance**, et sont également à la base des **méthodes probabilistes**.

MONOPHYLÉTIQUE. Voir **Groupe monophylétique/paraphylétique/polyphylétique**.

MOSAÏQUE DE CARACTÈRES. Voir **Ancêtre commun**.

NEIGHBOR-JOINING. Algorithme de **reconstruction phylogénétique** à partir d'une **matrice de distance**, dû à Saitou et Nei. Le *neighbor-joining* produit un **dendrogramme** de type **phylogramme** (cf. **Chapitre 6, section 2.1**).

NOMENCLATURE. Manière de nommer les espèces. La nomenclature de la **systématique** animale est régie par le Code international de la nomenclature zoologique, dont le temps zéro est la 10e édition du *Systema naturæ* de Linné (1758) sauf pour les araignées où c'est l'*Aranei Svecici* de Clerck (1757). Sous l'influence de Linné, la nomenclature est devenue binomiale (ou binominale ou binaire) : chaque espèce est nommée par un nom de genre unique en latin (avec une majuscule) et un nom d'espèce unique en latin (avec une minuscule). *Homo sapiens* par exemple.

ONTOGENÈSE. Voir **Ontogénie**.

ONTOGÉNIE. Synonyme d'ontogenèse. Développement d'un individu, de la cellule-œuf à l'adulte (voire la mort).

ORDRE NATUREL. Arrangement **hiérarchique** des espèces en **groupes emboîtés** tel qu'il est 'réellement présent dans la nature', c'est-à-dire indépendamment de l'opinion du systématicien. Cet arrangement est naturel car il ne repose que sur des **groupes naturels**, et est révélé par le **système naturel** (cf. **Chapitre 2, section 2**). Jusque dans la seconde moitié du XIXe siècle on considérait généralement que l'ordre naturel avait pour origine la volonté divine. Après que Darwin et Wallace eurent montré que les espèces évoluaient par **divergence avec modification**, l'explication de l'ordre naturel devint historique et évolutive : il est le résultat de l'histoire du vivant (cf. **Chapitre 4, section 1**). L'expression est aujourd'hui un peu désuète.

ORTHOLOGUES. Gènes **homologues** (issus d'un gène **ancêtre commun**) qui ont divergé lors d'un évènement de **cladogenèse**. Des gènes orthologues sont nécessairement présents chez des espèces différentes. Une **phylogénie** de gènes est équivalente à une phylogénie d'espèces si elle est basée sur des gènes orthologues (cf. **Chapitre 6, section 2.3** encadré 14).

OUTGROUP. Voir **Groupe extérieur**.

PARALLÉLISME. Voir **Homoplasie**.

PARALOGUES. Gènes **homologues** (issus d'un gène **ancêtre commun**) qui ont divergé lors d'un évènement de duplication au sein du génome. Des gènes paralogues peuvent être présents chez une même espèce ou chez des espèces différentes. Une phylogénie de gènes n'est pas équivalente à une phylogénie d'espèces si elle est basée sur des gènes paralogues (cf. **Chapitre 6, section 2.3** encadré 14).

PARAPHYLÉTIQUE. Voir **Groupe monophylétique/paraphylétique/polyphylétique**.

PARCIMONIE. Voir **Principe de parcimonie**.

PARENTÉ. Degré de proximité dans une **généalogie**. La parenté est la notion fondamentale sur laquelle sont basées les méthodes de **reconstruction phylogénétique** actuelles, et donc la **systématique** actuelle. Un arbre qui montre 'qui est plus proche parent de qui' est dit **phylogénétique**. Il diffère d'un arbre généalogique, qui montre 'qui descend de qui'. Les **arbres phylogénétiques** actuels sont des **dendrogrammes** de type **cladogramme** ou **phylogramme**.

PAS ÉVOLUTIF. Voir **Évènement évolutif**.

PHÉNÉTIQUE. École qui considère que les **classifications** doivent être construites en tenant compte seulement de la similarité globale entre organismes. Traditionnellement cette similarité est morpho-anatomique. Un **taxon** doit ainsi être homogène sur le plan morpho-anatomique, peu importe les raisons de cette homogénéité. Le même raisonnement peut être conduit en considérant d'autres **caractères** que morphologiques et anatomiques : biochimiques, comportementaux, écologiques, etc. Voir **Phénétique numérique**.

PHÉNÉTIQUE NUMÉRIQUE. L'une des trois écoles de **systématique** du XXe siècle (avec la **cladistique** et la **systématique évolutionniste**), fondée par Sneath et Sokal. La phénétique numérique est une branche de la **phénétique** dans laquelle la similarité globale des organismes, ainsi que l'établissement de 'qui ressemble le plus à qui', sont estimés par un calcul formalisé qui repose sur un algorithme reproductible (l'algorithme le plus utilisé pour établir 'qui ressemble le plus à qui' étant l'**UPGMA**). Le calcul de similarité repose sur un maximum de **caractères** différents considérés en même temps et à poids égal (cf. **Chapitre 5, section 2.1**). Les approches de phénétique numérique produisent des **dendrogrammes** de type **phénogramme**.

PHÉNOGRAMME. Type de **dendrogramme** résultant d'une approche de **phénétique numérique**, qui montre 'qui ressemble le plus à qui'. Attention, un phénogramme n'est pas une **phylogénie**. Un phénogramme montre des relations de ressemblance, pas de **parenté**.

PHYLOGENÈSE. Voir **Phylogénie**.

PHYLOGÉNÉTIQUE. Relatif à la **phylogénie**.

PHYLOGÉNIE. Peut désigner l'histoire évolutive du vivant (auquel cas le terme est synonyme de phylogenèse, qui en **systématique** actuelle ne fait référence qu'aux processus de **cladogenèse**) ou le résultat d'un processus de reconstruction de cette histoire qui prend la forme d'un **cladogramme** ou d'un **phylogramme** (voir **Reconstruction phylogénétique**).

PHYLOGÉNIE MOLÉCULAIRE. Phylogénie reconstruite en utilisant uniquement des **caractères** moléculaires (séquences d'acides aminés dans des protéines ou séquences de nucléotides dans des acides nucléiques [ADN ou ARN]).

PHYLOGÉNOMIQUE. Reconstruction phylogénétique de **phylogénies moléculaires** basées sur un (très) grand nombre de gènes ou de protéines étudiés simultanément (cf. **Chapitre 6, section 2.3**). La reconstruction se fait grâce à des **méthodes probabilistes.**

PHYLOGRAMME. Type de **dendrogramme** résultant d'une méthode de **reconstruction phylogénétique** utilisant la notion de **distance évolutive**. Un phylogramme montre des relations de **parenté** ('qui est le plus proche parent de qui'). La longueur d'une branche d'un phylogramme est proportionnelle à la quantité de changements évolutifs accumulés dans cette branche, qui résulte à la fois du taux de changement et du temps écoulé (sans hypothèse supplémentaire, il est impossible de dissocier les deux processus). Le phylogramme est l'une des formes possibles d'**arbre phylogénétique** en **systématique** actuelle (avec le **cladogramme**).

PLAN D'ORGANISATION. Organisation morpho-anatomique 'type' d'un embranchement, dont les membres de l'embranchement ne varient qu'à la marge. Notion originellement définie par Cuvier et fondamentale en **systématique évolutionniste**, mais qui n'a plus vraiment lieu d'être en **systématique** actuelle car les espèces d'un embranchement peuvent considérablement s'éloigner du 'plan' de cet embranchement, jusqu'à ce que ce plan ne soit plus reconnaissable (cf. **Chapitre 6, section 3.3**).

PLÉSIOMORPHE/PLÉSIOMORPHIE. Voir **Homologie**.

POLARISATION DES CARACTÈRES. Détermination, quand un **caractère** existe en plusieurs états, de l'**état ancestral** et de l'**état dérivé** (ou des états dérivés). La polarisation repose la plupart du temps sur l'intégration d'un **groupe extérieur** dans la **reconstruction phylogénétique**.

POLYPHYLÉTIQUE. Voir **Groupe monophylétique/paraphylétique/polyphylétique**.

PRINCIPE D'ÉVOLUTION MINIMUM. Principe dû à Cavalli-Sforza et Edwards, selon lequel « L'estimation la plus plausible d'un arbre évolutif est celle qui nécessite la quantité minimale d'évolution. » Considéré comme synonyme du **principe de parcimonie**.

Le principe d'évolution minimum est mis en application dans la méthode de l'**évolution minimum**.

PRINCIPE D'UNITÉ DE COMPOSITION. 'Principe' d'anatomie comparée énoncé par Geoffroy Saint-Hilaire, selon lequel tous les animaux sont construits sur le même 'plan'. Geoffroy démontra ce principe d'abord chez les vertébrés, ce qui est tout à fait correct, avant de vouloir l'étendre aux insectes et aux mollusques, ce qui en l'état était une grossière erreur qui déclencha une violente controverse avec Cuvier. La pertinence de l'hypothèse de Geoffroy sera, dans une certaine mesure, réévaluée lorsqu'il fut découvert que certains gènes (ou familles de gènes) homéotiques sont partagés par quasiment tous les Métazoaires.

PRINCIPE DE BALANCEMENT DES ORGANES. Principe d'anatomie comparée énoncé par Geoffroy Saint-Hilaire, selon lequel un organe se développe toujours au détriment des autres (plus un organe grandit, plus d'autres se réduisent).

PRINCIPE DE CORRÉLATION DES FORMES. Principe d'anatomie comparée énoncé par Cuvier, selon lequel toutes les parties d'un animal sont liées entre elles par leurs fonctions, le tout formant un ensemble harmonieux et parfaitement opérationnel.

PRINCIPE DE PARCIMONIE. Synonyme de rasoir d'Ockham. Principe selon lequel on privilégie le scénario le plus simple (le nombre minimal de causes) permettant d'expliquer un phénomène observé. En **reconstruction phylogénétique**, le principe de parcimonie est mis en application dans la méthode du **maximum de parcimonie** de la **cladistique**, et est considéré comme synonyme du **principe d'évolution minimum**.

PRINCIPE DE SUBORDINATION DES CARACTÈRES. Voir **Méthode naturelle**.

PRINCIPE DES CONNEXIONS. Principe d'anatomie comparée énoncé par Geoffroy Saint-Hilaire, selon lequel deux organes qui ont la même origine embryologique sont toujours positionnés au même endroit dans le **plan d'organisation** – ils sont 'connectés' aux mêmes organes –, même si leur forme ou leur fonction diffère d'un animal à l'autre. Ce principe est utilisé pour faire l'hypothèse que des organes sont **homologues**.

PROGRÈS ÉVOLUTIF. Idée selon laquelle l'évolution va toujours vers le 'mieux'. Participe d'une vision **hiérarchique** du monde dans laquelle on passe (de manière linéaire ou non, unique ou non) d'organismes simples/imparfaits/inférieurs/primitifs/archaïques à des organismes plus complexes/parfaits/supérieurs/évolués. Concept typique de l'école de **systématique évolutionniste** qui n'a plus lieu d'être en **systématique** actuelle (cf. **Chapitre 6, section 3.3**).

RANG TAXINOMIQUE. Niveau donné d'une **classification** en **groupes emboîtés** (**hiérarchique**) : espèce, famille, classe, etc. Les rangs taxinomiques sont organisés selon ce qui est traditionnellement appelé la **hiérarchie linnéenne des rangs taxinomiques**. Pour les adeptes de la **systématique évolutionniste**, les rangs taxinomiques sont attribués selon l'expertise du systématicien, dans le respect de la tradition historique. Pour les adeptes de la **cladistique**, les rangs taxinomiques sont attribués objectivement en respectant la règle que deux **groupes frères** doivent avoir le même rang.

RASOIR D'OCKHAM. Voir **Principe de parcimonie**.

RECONSTRUCTION PHYLOGÉNÉTIQUE. Inférence d'une **phylogénie**, c'est-à-dire de relations de **parenté** en **systématique** actuelle, qui prend la forme d'un **dendrogramme** de type **cladogramme** ou **phylogramme**. La reconstruction peut être basée sur une **matrice de distance** (**distance évolutive** entre chaque paire d'organismes, cf. **Chapitre 6, section 2.1**) ou directement sur des **caractères** (cf. **Chapitre 6, section 2.2**). Dans ce second cas seulement, la phylogénie reconstruite permet d'élaborer des **scénarios évolutifs** et de reconstituer des **ancêtres communs**.

RÉVERSION. Voir **Homoplasie.**

ROBUSTESSE D'UNE PHYLOGÉNIE. Degré d'indépendance des nœuds d'une **phylogénie** aux données qui ont permis de la construire. Plus la robustesse est élevée, plus les **clades** inférés sont solides, c'est-à-dire qu'ils ne sont pas remis en cause par des perturbations aléatoires du jeu de **caractères** utilisé. Attention toutefois à ne pas confondre robustesse et véracité : rien n'assure qu'un nœud robuste soit 'vrai'. La robustesse est estimée par des techniques statistiques dont la plus employée est le *bootstrap* (cf. **Chapitre 6, section 2.2** encadré 13). Les mêmes techniques peuvent être appliquées à un **phénogramme**, et plus généralement à tout **dendrogramme.**

SATURATION MUTATIONNELLE. Synonyme de saturation substitutionnelle ou substitutions multiples. Fait qu'au cours du temps, plusieurs mutations peuvent survenir au même site d'une séquence moléculaire donnée (nucléotides ou acides aminés). Si tel est le cas, la mutation initiale devient invisible pour les méthodes de **reconstruction phylogénétique.** Si cette mutation initiale était associée à un processus de **cladogenèse**, il y a perte de **signal phylogénétique** (cf. **Chapitre 6, section 2.1**). La saturation mutationnelle est un biais important en reconstruction phylogénétique. Ses effets sont minimisés en utilisant un **modèle d'évolution.**

SATURATION SUBSTITUTIONNELLE. Voir **Saturation mutationnelle.**

SCALA NATURAE. Voir **Échelle des êtres.**

SCÉNARIO ÉVOLUTIF. Reconstitution des différents **évènements évolutifs** qui ont pu conduire aux **caractères** observés chez les espèces dont on a inféré les relations de **parenté**. L'établissement d'un scénario évolutif n'est possible que si la méthode de **reconstruction phylogénétique** utilisée est basée sur les caractères eux-mêmes. Attention, un scénario évolutif n'est toujours qu'une hypothèse. Il peut acquérir une grande probabilité si de nombreux résultats indépendants le soutiennent (voir aussi **Robustesse d'une phylogénie**), mais rien n'assure que l'histoire se soit réellement déroulée ainsi.

SIGNAL PHYLOGÉNÉTIQUE. Dans une comparaison de **caractères** entre plusieurs **taxons**, différences qui sont dues à des processus de **cladogenèse**. En d'autres termes, le signal phylogénétique est la trace de la **phylogenèse** qui est observable aujourd'hui. Plus le signal phylogénétique est important et clair, plus la **reconstruction phylogénétique** est facilitée. Un signal faible mène à des **irrésolutions** voire à des erreurs dans l'établissement des relations de **parenté**. Les **homoplasies**, la **saturation mutationnelle**, un taux de changement évolutif variable entre **lignées évolutives** ou des **transferts horizontaux** de gènes sont parmi les causes de brouillage, voire de masquage du signal phylogénétique.

SUBORDINATION DES CARACTÈRES. Voir **Méthode naturelle.**

SUBSTITUTIONS MULTIPLES. Voir **Saturation mutationnelle.**

SUPERARBRE. En **phylogénomique**, **arbre consensus** obtenu à partir d'autant de **phylogrammes** qu'il y a de gènes ou de protéines étudiés. La **reconstruction phylogénétique** se fait en effet séparément pour chaque gène/protéine, avant que toutes les **phylogénies** inférées ne soient confrontées et synthétisées dans un superarbre. L'autre approche possible est celle de la **supermatrice.**

SUPERMATRICE. En **phylogénomique**, **matrice de caractères** dans laquelle les séquences de tous les gènes ou protéines étudiés sont, pour chaque espèce, placées les unes à la suite des autres (toujours dans le même ordre). La **reconstruction phylogénétique** se fait ensuite sur cette unique supermatrice. L'autre approche possible est celle du **superarbre**.

SYNAPOMORPHIE. Voir **Homologie**.

SYMPLÉSIOMORPHIE. Voir **Homologie**.

SYSTÈME. Synonyme de classification. Résultat d'une approche de **systématique**, qui prend aujourd'hui la forme d'un **dendrogramme**.

SYSTÈME D'AUTEUR. Classification proposée en général par un auteur unique, typique de la **systématique évolutionniste** (cf. **Chapitre 5, section 1**). Un système d'auteur repose sur l'expertise de celui qui le propose et comporte toujours une part de subjectivité, dans la délimitation des contours des **taxons** et dans l'attribution de leur **rang taxinomique**. Les systèmes d'auteur n'ont plus lieu d'être en **systématique** zoologique aujourd'hui (cf. **Conclusion**). Ils sont encore utilisés en microbiologie et dans la délimitation des règnes du vivant (exemples: Whittaker 1969, Whittaker & Margulis 1978, Cavalier-Smith 1998, etc.), en parallèle de **classifications phylogénétiques**.

SYSTÈME NATUREL/ARTIFICIEL. On a longtemps distingué le '**système** naturel', qui révèle objectivement l'**ordre naturel** du monde (et qu'on appelle aujourd'hui **classification**), des 'systèmes artificiels' qui ne révèlent pas l'ordre naturel (et qu'on appelle aujourd'hui **clés de détermination**). Le système naturel est celui qui ne forme que des **groupes naturels**. Sa définition précise dépend de la définition qu'on donne à un groupe naturel (voir ce mot).

SYSTÉMATIQUE. Science de la classification. Le terme systématique est synonyme de classification. Il est également synonyme, en français, aujourd'hui et pour la plupart des auteurs, de **taxinomie**. La systématique produit des **systèmes** (des classifications), qui reposent sur une **démarche ascendante par agglomération**, qui prennent aujourd'hui la forme d'un **dendrogramme**, et qui ont pour objectif de refléter l'**ordre naturel**. Il n'existe qu'une seule 'vraie' classification car il n'y a qu'un seul ordre dans la nature. Une classification s'oppose fondamentalement, dans sa construction et ses objectifs, à une **clé de détermination**. La systématique actuelle est dite phylogénétique (voir **Cladistique**).

SYSTÉMATIQUE ÉVOLUTIONNISTE. L'une des trois écoles de **systématique** du XXe siècle (avec la **cladistique** et la **phénétique numérique**), aussi appelée systématique biologique, systématique classique, systématique traditionnelle, systématique éclectique ou gradisme. École héritière d'Haeckel, qui considère que les classifications doivent être construites en tenant compte à la fois de la similarité globale et de la parenté entre organismes (de telles classifications sont dites biologiques ou traditionnelles). Un **taxon** doit ainsi être homogène sur le plan morpho-anatomique, et ses membres doivent descendre d'un **ancêtre commun** direct. École marquée par les notions de **généalogie**, **progrès évolutif**, **grade**, **plan d'organisation**, **chaînon manquant**, par une utilisation traditionnelle de la **hiérarchie linnéenne des rangs taxinomiques** et par les **systèmes d'auteur** (cf. **Chapitre 5, section 1**). Les concepts associés à cette école ont été remplacés par ceux de la **cladistique** et n'ont plus lieu d'être en systématique zoologique aujourd'hui (cf. **Chapitre 5, section 4** et **Chapitre 6, section 3.3**). La systématique évolutionniste perdure toutefois en microbiologie et dans la délimitation des règnes du vivant, en parallèle de la systématique phylogénétique issue de la **cladistique**.

SYSTÉMATIQUE PHYLOGÉNÉTIQUE. Voir **Cladistique**.

TAXINOMIE. Synonyme de **systématique**. Seule la graphie 'taxinomie' est correcte, car le mot 'taxonomie' est construit sur une erreur étymologique. Pour des raisons historiques, les autres langues que le français utilisent un équivalent de 'taxonomie' (cf. **Introduction** encadré 1).

TAXON. Unité taxinomique quel que soit son niveau dans la **hiérarchie** des **groupes emboîtés**: une sous-espèce, une espèce, une super-famille, une infra-classe, etc. (voire un groupe sans **rang taxinomique** particulier). Synonyme de **clade** et de **groupe monophylétique** en systématique actuelle.

THÉORIE DE LA GASTRAEA. Théorie énoncée par Haeckel, dans le prolongement de sa **loi biogénétique fondamentale**, selon laquelle les premiers stades du développement embryonnaire ressemblent aux premiers ancêtres des animaux (exemple: le stade gastrula correspond à un ancêtre appelé gastraea) (cf. **Chapitre 4, section 2.2**).

THÉORIE DE LA RÉCAPITULATION. Voir **Loi biogénétique fondamentale**.

TRANSFERT VERTICAL/HORIZONTAL. Processus par lequel un gène passe d'un organisme à un autre. Le transfert vertical est la transmission héréditaire par voie de génération, de parent à descendant. Le transfert horizontal est la transmission non héréditaire entre individus d'une même espèce voire d'espèces différentes. Les transferts horizontaux sont particulièrement fréquents chez les bactéries et les archées, où ils se produisent notamment par conjugaison. Plus les transferts horizontaux sont importants et fréquents, plus ils brouillent le **signal phylogénétique** (cf. **Chapitre 6, section 2.3** encadré 14).

TRIPLE PARALLÉLISME. Loi de Meckel-Serres (ou double parallélisme) à laquelle Agassiz ajouta, dans une certaine mesure assez limitée, l'ordre d'apparition des fossiles dans les couches géologiques (les espèces 'inférieures' apparaissant avant les espèces 'supérieures').

UNITÉ DE COMPOSITION. Voir **Principe d'unité de composition**.

UPGMA. *Unweighted Pair Group Method with Arithmetic mean* ('méthode non pondérée de regroupement par paires au moyen de la moyenne arithmétique'). Algorithme de construction d'un **dendrogramme** à partir d'une **matrice de dissimilarité/distance**, dû à Sokal et Michener (cf. **Chapitre 5, section 2.2**). L'UPGMA produit un dendrogramme de type ultramétrique, c'est-à-dire où toutes les espèces sont à égale distance de la racine de l'arbre. Selon la question à laquelle il doit répondre, ce dendrogramme peut être interprété comme un **phénogramme** ('qui ressemble le plus à qui') ou un **phylogramme** ('qui est le plus proche parent de qui'). Dans ce second cas, l'UPGMA fait l'hypothèse d'une **horloge moléculaire** (cf. **Chapitre 6, section 2.1** encadré 8).

VRAISEMBLANCE. En **reconstruction phylogénétique**, valeur statistique représentant la probabilité qu'on ait obtenu les **caractères** observés sachant un **phylogramme** (sa forme, la longueur de ses branches) et un **modèle d'évolution** donné. En pratique la notion de vraisemblance est utilisée par les **méthodes probabilistes** inférant des **phylogénies moléculaires** (auquel cas les caractères observés sont les séquences de nucléotides ou d'acides aminés).

Bibliographie

OUVRAGES GÉNÉRAUX

CHANOINE C. Histoire de la biologie du développement – De l'Antiquité à nos jours, Ed. Ellipses, 2018

FORÊT R. Dictionnaire des sciences de la vie, Ed. De Boeck supérieur, 2018

HOQUET T. Buffon/Linné, Éternels rivaux de la biologie ? Ed. Dunod, 2007

LE GUYADER H. Théories et histoire en biologie, Ed. Vrin, 1988

LE GUYADER H. Classification et évolution (2e édition), Ed. Le Pommier, 2018

LECOINTRE G & LE GUYADER H. Classification phylogénétique du vivant – Tomes 1 et 2 (4e édition), Ed. Belin, 2017

MAYR E. Histoire de la biologie – Diversité, évolution et hérédité, Ed. Le livre de poche, 1989

Ouvrage collectif. Dictionnaire du darwinisme et de l'évolution, Ed. Presses Universitaires de France, 1996

POINSOT D, HERVÉ M, LE GARFF B & CEILLIER M. Diversité animale – Histoire, évolution et biologie des Métazoaires, Ed. De Boeck supérieur, 2018

TASSY P. Le paléontologue et l'évolution (2e édition), Ed. Le Pommier, 2016

THOMAS F, LEFÈVRE T & RAYMOND M. Biologie évolutive (2e édition), Ed. De Boeck supérieur, 2016

OUVRAGES, MÉMOIRES ET ARTICLES SCIENTIFIQUES À CARACTÈRE HISTORIQUE

(par ordre chronologique, avec la date de la 1re édition le cas échéant)

ARISTOTE. Histoire des animaux, vers –343

ARISTOTE. Parties des animaux, Ier siècle avant notre ère

ARISTOTE. Génération des animaux, vers –325

THÉOPHRASTE. Histoire des plantes, vers –314

DIOSCORIDE. *De materia medica*, vers 50-70

PLINE L'ANCIEN. Histoire naturelle, vers 77

GESNER C. *Historiæ animalium*, 1551-87

CÉSALPIN A. *De plantis*, 1583

BAUHIN C. *Pinax theatri botanici*, 1623

RAY J. *Historia plantarum*, 1686-1704

MAGNOL P. *Prodromus historiæ generalis plantarum in quo familiæ plantarum per tabulas disponuntur*, 1689

TOURNEFORT J. Élémens de botanique, ou méthode pour connoître les plantes, 1694

LINNÉ C. *Systema naturæ, sive regna tria naturæ systematice proposita per classes, ordines, genera, & species*, 1735

BONNET C. Traité d'insectologie ; ou observations sur les pucerons, 1745

BUFFON G. Histoire naturelle, générale et particulière, avec la description du cabinet du roi, 1749-1804

LINNÉ C. *Philosophia botanica in qua explicantur fundamenta botanica cum definitionibus partium, exemplis terminorum, observationibus rariorum,* 1751

LINNÉ C. *Species plantarum, exhibentes plantas rite cognitas, ad genera relates, cum differentiis specificis, nominibus trivialibus, synonymis selectis, locis natalibus, secondum systema sexuale digestas,* 1753

CLERCK C. *Aranei Svecici, descriptionibus et figuris æneis illustrati, ad genera subalterna redacti, speciebus ultra LX determinati,* 1757

ADANSON M. Familles des plantes, 1763

LAURENTI JN. *Specimen medicum, exhibens synopsin reptilium emendatam cum experimentis circa venena et antidota reptilium austriacorum,* 1768

WOLFF C. *De formatione intestinorum praecipue, tum et de amnio spurio, aliisque partibus embryonis gallinacei, nondum visis, observationes, in ovis incubatis institutae,* 1768-69

LAMARCK JB. Flore françoise ou description succinte de toutes les plantes qui croissent naturellement en France, disposée selon une nouvelle méthode d'analyse, & à laquelle on a joint la citation de leurs vertus les moins équivoques en médecine, & de leur utilité dans les arts, 1779

JUSSIEU AL. *Genera plantarum secundum ordines naturales disposita, juxta methodum in horto regio parisiensi exartam,* 1789

KIELMEYER K. *Über die Verhältnisse der organischen Kräfte unter einander in der Reihe der verschiedenen Organisationen,* 1793

CUVIER G. Mémoire sur la structure interne et externe, et sur les affinités des animaux auxquels on a donné le nom de vers, 1795

GEOFFROY SAINT-HILAIRE É & CUVIER G. Mémoire sur une nouvelle division des mammifères, et les principes qui doivent servir de base dans cette sorte de travail, 1795

LATREILLE PA. Précis des caractères génériques des insectes, disposés dans un ordre naturel, 1796

CUVIER G. Tableau élémentaire de l'histoire naturelle des animaux, 1797

DUMÉRIL A & DUVERNOY L. Leçons d'anatomie comparée de G. Cuvier, 1800-05

LAMARCK JB. Système des animaux sans vertèbres, ou tableau général des classes, des ordres et des genres de ces animaux; présentant leurs caractères essentiels et leur distribution, d'après la considération de leurs rapports naturels et de leur organisation, et suivant l'arrangement établi dans les galeries du Muséum d'Hist. Naturelle, parmi leurs dépouilles conservées, 1801

LAMARCK JB. Recherches sur l'organisation des corps vivans, et particulièrement sur son origine, sur la cause de ses développements et des progrès de sa composition, et sur celle qui, tendant continuellement à la détruire dans chaque individu, amène nécessairement à sa mort, 1802

LATREILLE PA. Histoire naturelle, générale et particulière des crustacés et des insectes, 1802

DUMÉRIL C. Zoologie analytique, ou méthode naturelle de classification des animaux, rendue plus facile à l'aide de tableaux synoptiques, 1806

LAMARCK JB. Philosophie zoologique, ou exposition des considérations relatives à l'histoire naturelle des animaux; à la diversité de leur organisation et des facultés qu'ils en obtiennent; aux causes physiques qui maintiennent en eux la vie et donnent lieu aux mouvemens qu'ils exécutent; enfin, à celles qui produisent, les unes le sentiment, et les autres l'intelligence de deux qui en sont doués, 1809

MECKEL J. *Entwurf einer Darstellung der zwischen den Embryozuständen der höheren Thiere und den permanenten der niederen stattfindenden Parallele*, 1811

CUVIER G. Sur un nouveau rapprochement à établir entre les classes qui composent le règne animal, 1812

CUVIER G. Recherches sur les ossemens fossiles de quadrupèdes, où l'on rétablit les caractères de plusieurs espèces d'animaux que les révolutions du globe paroissent avoir détruites, 1812

CANDOLLE AP. Théorie élémentaire de la botanique ou exposition des principes de la classification naturelle et de l'art de décrire et d'étudier les végétaux, 1813

LAMARCK JB. Histoire naturelle des animaux sans vertèbres; présentant les caractères généraux et particuliers de ces animaux, leur distribution, leurs classes, leurs familles, leurs genres, et la citation des principales espèces qui s'y rapportent, 1815-22

DUCROTAY DE BLAINVILLE HM. Prodrome d'une nouvelle distribution systématique du règne animal, 1816

CUVIER G. Le règne animal distribué d'après son organisation, pour servir de base à l'histoire naturelle des animaux et d'introduction à l'anatomie comparée, 1817

GOLDFUSS G. *Ueber die Entwickelungsstufen des Thieres*, 1817

PANDER C. *Beiträge zur Entwickelungsgeschichte des Hühnchens im Eye*, 1817

GOLDFUSS G. *Handbuch der Zoologie*, 1820

MERREM B. *Versuch eines Systems der Amphibien*, 1820

DUCROTAY DE BLAINVILLE HM. De l'organisation des animaux ou principes d'anatomie comparée, 1822

GEOFFROY SAINT-HILAIRE É. Recherches sur l'organisation des gavials; Sur leurs affinités naturelles, desquelles résulte la nécessaité d'une autre distribution générique, *Gavialis*, *Teleosaurus* et *Stenosaurus*; et sur cette question, si les gavials (*Gavialis*), aujourd'hui répandus dans les parties orientales de l'Asie, descendent, par voir non interrompue de génération, des gavials antidiluviens, soit des gavials fossiles, dits crocodiles de Caen (*Teleosaurus*), soit des gavials fossiles du Havre et de Honfleur (*Stenosaurus*), 1825

LATREILLE PA. Familles naturelles du règne animal, exposées succintement et dans un ordre analytique, avec l'indication de leurs genres, 1825

BAER K. *Über Entwickelungsgeschichte der Thiere. Beobachtung und Reflexion*, 1828-37

FLOURENS P. Éloge historique de G. Cuvier, 1834

SERRES É. Précis d'anatomie transcendante appliquée à la physiologie, 1842

OWEN R. *Lectures on the comparative anatomy and physiology of the invertebrate animals, delivered at the Royal College of Surgeons, in 1843*, 1843

SIEBOLD K & STANNIUS H. *Lehrbuch der vergleichenden Anatomie*, 1846-48

FREY H. & LEUCKART R. *Beiträge zur Kenntniss wirbelloser Thiere mit besonderer Berücksichtigung der Fauna des Norddeutschen Meeres*, 1847

LEUCKART R. *Ueber die Morphologie die Verwandtschaftsverhältnisse der wirbellosen Thiere. Ein Beitrag zur Charakteristik und Classification der thierischen Formen*, 1848

REMAK R. *Untersuchungen über die Entwickelung der Wirbelthiere*, 1855

WALLACE A. *On the law which has regulated the introduction of new species*, 1855

WALLACE A. *On the tendency of varieties to depart indefinitely from the original type*, 1858

AGASSIZ L. *An essay on classification*, 1859

DARWIN C. *On the origin of species by means of natural selection, or the preservation of favoured races in the struggle for life*, 1859

HUXLEY T. *Darwin on the origin of species*, 1860

HILGENDORF F. *Beiträge zur Kenntnis des Süßwasserwalkes von Steinheim*, 1863 (thèse non publiée)

MÜLLER F. *Für Darwin*, 1864

GAUDRY A. Considérations générales sur les animaux fossils de Pikermi, 1866

HAECKEL E. *Generelle Morphologie des Organismen. Allgemeine Grundzüge der organischen Formen-Wissenschaft, mechanisch begründet durch die von Charles Darwin reformirte Descendenz-Theorie*, 1866

HILGENDORF F. *Planorbis multiformis im Steinheimer Süßwasserwalk. Ein Beispiel von Gestaltveränderung im Laufe der Zeit*, 1866

HAECKEL E. *Natürliche Schöpfungsgeschichte*, 1868

HAECKEL E. *Monograph of Monera*, 1869

HAECKEL E. *Die Kalkschwämme. Eine Monographie*, 1872

LANKESTER R. *On the primitive cell-layers of the embryo as the basis of genealogical classification of animals, and on the origin of vascular and lymph systems*, 1873

GEGENBAUR C. *Grundriss der Vergleichenden Anatomie*, 1874

HAECKEL E. *Anthropogenie oder Entwickelungsgeschichte des Menschen*, 1874

HAECKEL E. *The Gastraea-theory, the phylogenetic classification of the animal kingdom and the homology of the germ-lamelle*, 1874

LANKESTER R. *Notes on the embryology and classification of the animal kingdom: comprising a revision of speculations relative to the origin and significance of the germ-layers*, 1877

HATSCHEK B. *Lehrbuch der Zoologie, eine morphologische Ûbersicht des Thierreiches zur Einführung in das Studium dieser Wissenschaft*, 1888

WALLACE A. *Darwinism: An exposition of the theory of natural selection with some of its application*, 1889

HAECKEL E. *Systematische Phylogenie. Entwurf eines Natürlichen Systems der Organismen auf Grund ihrer Stammesgeschichte*, 1894-96

GROBBEN K. *Die systematische Einteilung des Thierreiches*, 1908

CHATTON É. *Pansporella perplexa*, amœbien à spores protégées parasite des daphnies – Réflexions sur la biologie et la phylogénie des protozoaires, 1925

HUXLEY J. *Evolution: the modern synthesis*, 1942

MAYR E. *Systematics and the origin of species from the viewpoint of a zoologist*, 1942

SIMPSON G. *The principles of classification and a classification of mammals*, 1945

HENNIG W. *Grundzüge einer Theorie der phylogenetischen Systematik*, 1950

RENSCH B. *Neuere Probleme der Abstammungslehre*, 1954

SIMPSON G. *Principles of animal taxonomy*, 1961

SOKAL R & SNEATH P. *Principles of numerical taxonomy*, 1963

HENNIG W. *Phylogenetic systematics*, 1966

BEAUMONT A & CASSIER P. Biologie animale – Des Protozoaires aux Métazoaires épithélioneuriens, 1973

ARTICLES SCIENTIFIQUES RÉCENTS (depuis 1950)

AGUINALDO AM, TURBEVILLE JM, LINFORD L, RIVERA M, GAREY J, RAFF R & LAKE J. Evidence for a clade of nematodes, arthropods and other moulting animals, *Nature*, 1997

ARENAS M. Trends in substitution models of molecular evolution, *Frontiers in Genetics*, 2015

ASHLOCK P. Monophyly and associated terms, *Systematic Zoology*, 1971

BALAVOINE G. The early emergence of platyhelminths is contradicted by the agreement between 18S rRNA and *Hox* genes data, *Comptes Rendus de l'Académie des Sciences*, 1997

CAIN A. & HARRISON G. Phyletic weighting, *Proceedings of the Zoological Society of London*, 1960

CAMIN J & SOKAL R. A method for deducing branching sequences in phylogeny, *Evolution*, 1965

CAVALLI-SFORZA LL & EDWARDS A. Phylogenetic analysis – Models and estimation procedures, *American Journal of Human Genetics*, 1967

CHEUNG T. Cuvier et la perfection du parfait, *Revue d'histoire des sciences*, 2001

DUPREY L. L'idée de chaîne des êtres, de Leibniz à Charles Bonnet, *Dix-huitième siècle*, 2011

EDWARDS A. The origin and early development of the method of minimum evolution for the reconstruction of phylogenetic trees, *Systematic Biology*, 1996

EDWARDS A. Statistical methods for evolutionary trees, *Genetics*, 2009

EDWARDS A & CAVALLI-SFORZA LL. The reconstruction of evolution (abstract), *Annals of Human Genetics*, 1963

FELSENSTEIN J. Maximum-likelihood estimation of evolutionary trees from continuous characters, *American Journal of Human Genetics*, 1973

FELSENSTEIN J. The number of evolutionary trees, *Systematic Zoology*, 1978

FELSENSTEIN J. Cases in which parsimony or compatibility methods will be positively misleading, *Systematic Zoology*, 1978

FELSENSTEIN J. Evolutionary trees from DNA sequences: a maximum likelihood approach, *Journal of Molecular Evolution*, 1981

FELSENSTEIN J. Evolutionary trees from gene frequencies and quantitative characters: finding maximum likelihood estimates, *Evolution*, 1981

FELSENSTEIN J. Confidence limits on phylogenies: an approach using the bootstrap, *Evolution*, 1985

FIELD K, OLSEN G, LANE D, GIOVANNONI S, GHISELIN M, RAFF E, PACE N & RAFF R. Molecular phylogeny of the animal kingdom, *Science*, 1988

FITCH W. Homology – a personal view of some of the problems, *Trends in Genetics*, 2000

GOULVEN L. Lamarck : de la philosophie du continu à la science du discontinu, *Revue d'histoire des sciences*, 1975

GUÉDÈS M. La méthode taxonomique d'Adanson, *Revue d'histoire des sciences et de leurs applications*, 1967

HALANYCH K. The new view of animal phylogeny, *Annual Review of Ecology, Evolution, and Systematics*, 2004

HALANYCH K. How our view of animal phylogeny was reshaped by molecular approaches: lessons learned, *Organisms Diversity & Evolution*, 2016

HALANYCH K, BACHELLER J, AGUINALDO AM, LIVA S, HILLIS D & LAKE J. Evidence from 18S ribosomal DNA that the lophophorates are protostome animals, *Science*, 1995

HEGNA T, LEGG D, MØLLER O, VAN ROY P & LEROSEY-AUBRIL R. The correct authorship of the taxon name 'Arthropoda', *Arthropod Systematics & Phylogeny*, 2013

HENNIG W. Phylogenetic systematics, *Annual Review of Entomology*, 1965

HENNIG W. "Cladistic analysis or cladistic classification?": A reply to Ernst Mayr, *Systematic Zoology*, 1975

HUXLEY J. The three types of evolutionary process, *Nature*, 1957

KASHYAP R & SUBAS S. Statistical estimation of parameters in a phylogenetic tree using a dynamic model of the substitutional process, *Journal of Theoretical Biology*, 1974

KUMAR S. Molecular clocks: four decades of evolution, *Nature*, 2005

LE GUYADER H. Le concept de plan d'organisation : quelques aspects de son histoire, *Revue d'histoire des sciences*, 2000

MACKERRAS I. Grades in the evolution and classification of insects, *Journal of the Australian Entomological Society*, 1967

MAYR E. Numerical phenetics and taxonomic theory, *Systematic Zoology*, 1965

MAYR E. Cladistic analysis or cladistic classification? *Zeitschrift für Zoologische Systematik und Evolutionsforschung*, 1974

MAYR E. Darwin and the definition of phylogeny, *Systematic Zoology*, 1985

MAYR E. Two empires or three? *Proceedings of the National Academy of Sciences of the United States of America*, 1998

MAYR E. Classifications and other ordering systems, *Journal of Zoological Systematics and Evolutionary Research*, 2002

MORGAN G. Emile Zuckerkandl, Linus Pauling, and the molecular evolutionary clock, 1959-1965, *Journal of the History of Biology*, 1998

NEYMAN J. Molecular studies of evolution: a source of novel statistical problems, in Gupta S & Yackel J, *Statistical decision theory and related topics*, 1971

NIELSEN C. The authorship of higher chordate taxa, *Zoologica Scripta*, 2012

PHILIPPE H, LARTILLOT N & BRINKMANN H. Multigene analyses of bilaterian animals corroborate the monophyly of Ecdysozoa, Lophotrochozoa, and Protostomia, *Molecular Biology and Evolution*, 2005

REGIER J & SCHULTZ J. Molecular phylogeny of the major arthropod groups indicates polyphylie of crustaceans and a new hypothesis for the origin of hexapods, *Molecular Biology and Evolution*, 1997

REIF WE. Hilgendorf's (1863) dissertation on the Steinheim planorbids (Gastropoda; Miocene): The development of a phylogenetic research program for paleontology, *Paläontologische Zeitschrift*, 1983

SAITOU N & NEI M. The neighbor-joining method: a new method for reconstructing phylogenetic trees, *Molecular Biology and Evolution*, 1987

SCAMARDELLA J. Not plants or animals: a brief history of the origin of Kingdoms Protozoa, Protista and Protoctista, *International Microbiology*, 1999

SNEATH P & SOKAL R. Numerical taxonomy, *Nature*, 1962

SNEATH P. Thirty years of numerical taxonomy, *Systematic Biology*, 1995

SOKAL R. Phenetic taxonomy: theory and methods, *Annual Review of Ecology and Systematics*, 1986

SOKAL R & CAMIN J. The two taxonomies: areas of agreement and conflict, *Systematic Zoology*, 1965

SOKAL R & MICHENER C. A statistical method for evaluating systematic relationships, *The University of Kansas Science Bulletin*, 1958

STEWART CB. The powers and pitfalls of parsimony, *Nature*, 1993

WHITTAKER R. On the broad classification of organisms, *The Quarterly Review of Biology*, 1959

WINNEPENNINCKX B, BACKELJAU T, MACKEY L, BROOKS J, DE WACHTER R, KUMAR S & GAREY J. 18S rRNA data indicate that Aschelminthes are polyphyletic in origin and consist of at least three distinct clades, *Molecular Biology and Evolution*, 1995

WOESE C & FOX G. Phylogenetic structure of the prokaryotic domain: The primary kingdoms, *Proceedings of National Academy of Sciences of the United States of America*, 1977

WOESE C, KANDLER O & WHEELIS M. Towards a natural system of organisms: Proposal for the domains Archaea, Bacteria, and Eucarya, *Proceedings of National Academy of Sciences of the United States of America*, 1990

WOESE C. Default taxonomy: Ernst Mayr's view of the microbial world, *Proceedings of the National Academy of Sciences of the United States of America*, 1998

ZUCKERKANDL É & PAULING L. Molecules as documents of evolutionary history, *Journal of Theoretical Biology*, 1965

ZUCKERKANDL É & PAULING L. Evolutionary divergence and convergence in proteins, dans *Evolving genes and* proteins, 1965

Table des matières

pca
cmb
édition pré-presse
livres numériques

44400 Rezé

MIXTE
Papier issu de
sources responsables
FSC® C004472
FSC
www.fsc.org

N° éditeur DBSSI20200063
Achevé d'imprimer en mai 2020 par Wilco aux Pays-Bas
N° d'impression : 319365